束 A 讀 | 生活家
 DR

U N R E A D

The

BODY BOOK

〔美〕

卡梅隆·迪亚茨

你的身体，
是一切美好的开始

| 新 版 |

饥饿定律、力量科学，
以及一切宠爱你自己的正确方式

桑德拉·巴克

王敏

——译

上海文化出版社

——著

图书在版编目（CIP）数据

你的身体，是一切美好的开始：新版 ／（美）卡梅
隆·迪亚茨，（美）桑德拉·巴克著；王敏译 . -- 上海：
上海文化出版社，2020.6（2021.9 重印）
ISBN 978-7-5535-1958-6

Ⅰ . ①你… Ⅱ . ①卡… ②桑… ③王… Ⅲ . ①女性－
修养－通俗读物 Ⅳ . ① B825.5-49

中国版本图书馆 CIP 数据核字（2020）第 065599 号

著作权合同登记号 图字:09-2020-305 号

出　版　人：姜逸青
选题策划：联合天际
责任编辑：王建敏
特约编辑：邵嘉瑜
封面设计：千巨万工作室
美术编辑：王颖会　梁全新

书　　名：你的身体，是一切美好的开始（新版）
作　　者：[美] 卡梅隆·迪亚茨　[美] 桑德拉·巴克
译　　者：王　敏
出　　版：上海世纪出版集团　上海文化出版社
地　　址：上海市绍兴路 7 号　200020
发　　行：未读（天津）文化传媒有限公司
印　　刷：北京雅图新世纪印刷科技有限公司
开　　本：710×1000　1/16
印　　张：19.5
版　　次：2020 年 6 月第一版　2021 年 9 月第三次印刷
书　　号：ISBN 978-7-5535-1958-6/G.318
定　　价：88.00 元

关注未读好书

未读 CLUB
会员服务平台

献给
你的身体

Dedicated
to your body

目　录
CONTENTS

健康篇：强健的体魄

PART TWO

心灵篇：你能行
PART THREE ─────────────────

结　语：现在你真的做到了

绪言 | 知识就是力量

你好，姑娘！

　　谢谢你捧起这本书。在我们进入第1章前，我想告诉你，我为什么写这本书，这本书对我的意义，还有，我希望这本书能给你带来怎样的意义。

　　作为人类，当我们拥有了一些带给我们无尽快乐和成就的经历时，我们一定想和别人分享内心的激动之情。比如，当你吃到非常美味的东西时，你会立即把头转向身旁的人，并说："你尝尝这个！"或者，在你听到一首真正美妙的歌曲时，你会下载歌曲传给朋友，因为你迫不及待地希望她能听到那美妙的歌声。抑或，当你了解到爆炸式的重要信息时，你会希望将它分享给你能找到的每一个人！

　　这本书就给我这样的感觉。我遵照这本书中提到的内容，打理自己的生活。这本书中蕴含的知识，让我无比兴奋、喜悦，所以我一定要和你们一起分享。这就是我写这本书的目的——学习了解自己的身体，是你能做的最重要的事之一。随着你翻阅书页，你将了解关于营养的知识，并且明白怎样才能让自己吃上既营养又美味的食物。你将了解如何健身，并且明白运动将如何影响你的身体。你将了解你的意识，那样你就会有自知之明，并学会自律。因为营养、健身、意识和自律都不仅仅是干巴巴的词语，它们是你的工具，它们是你的力量。它们让你关心自己，让你能变得更强壮、更聪明、更自信，并且更加诚实地面对自己。

学习了解自己的身体，是你能做的最重要的事之一。因为营养、健身、意识和自律都不仅仅是干巴巴的词语，它们是你的工具。

书中我们称你的身体是"你神奇的身体"。因为我相信：你的身体是神奇的、让人惊艳的。此时此刻，无论你属于哪种体型，你的身体都是一台无比神奇的机器，它能做许多很酷的事情。比如，利用周围的空气让大脑保持活力，将一碗燕麦粥转化成爆发式的能量，沿着街道跑并追上你要搭的那辆公交。所以，学会如何照顾你的身体，是你能学到的最重要的知识，永远都是。

因为，你那神奇的身体，是你能够拥有的唯一。从你的婴儿时代开始，直到你 75 岁，你将寄居在这同一副躯体中。当然随着时光变迁，它会发生变化，它会一直变化——但它永远都是你的。无论它是何种形状，无论你喜欢它也好、讨厌它也好，无论它感觉疲劳、筋疲力尽甚至快要崩溃，还是生机勃勃、活力四射，你的身体永远都是你拥有的最宝贵的东西。

你的躯体是你的过去、你的现在和你的未来。它承载着你的祖先的记忆，因为构成你的身体的那些基因，是你的父母还有你父母的先人遗传给你的。它是你所吃下的所有食物的汇聚，是你进行过的或者没有进行的一切体育锻炼的综合，是你为了了解它、照顾它而付出的一切努力的集中反映。你有多关心它，决定了你能生活得多好。所以，不管你是否希望自己能拥有更修长的美腿、更小的臀部、更大的胸围，或不那么尖的耳朵，这本书都是为你而写的。这是一本指南书，它将让你接受现在的自己，用你能做到的一切去宠爱它；让你学会欣赏你的肉体是多么让人难以置信；它指引你实现将力量和耐力发挥到极致，从而让你的躯体能带你前往你所梦寐以求的地方：带你走向成功、带你爱上生活、带你体验激情、带你冒险。你所拥有的这副躯体，真的能带你步入这些人生的佳境。所以，如果你真的希望到达这些美好的目的地，你就应该尽力去锻炼身体，让它强健结实、充满力量、无所不能。你一定要学会，如何在你的这副独一无二、美妙无比的身体中好好生活。

但是如果你不知道如何下手，就无法做到这些。不幸的是，我们作为女人，常常受到各种压力，比如希望自己变得更迷人、更苗条、更年轻、更性感，更加像个十足的金发美人或棕发美人。作为生活在当今社会中的女性，我们常常被人鼓励要将自己和别的女人一争高下，我们需要做的是：专注于自己的力量、自己的能力、自己的美貌。

这就是我为什么要写这本书：让我们学习那些蕴藏在词语背后的科学知识，拥有力量去了解有关我们身体的真相，而不再被周围的偏见和误解误导。我不是科学家，也不是医生，我是一个女人，我把过去15年的时间，花在了了解自己身体所拥有的能力上，我觉得这是我人生中最值得拥有的经历。我所拥有的一切，我所代表的一切，都离不开我对自己身体的了解。我希望你也能拥有这些。我希望你也能了解自己，了解自己拥有的力量。我希望你能成为你所能成为的最强大、最能干、最自信的女人。我希望你能知道，和你自己的身体友好相处、和它紧密相连，究竟是一种什么样的感觉；我希望你能了解，生活在属于你的并且只属于你一个人的身体中，是怎样一种真正的快乐；我希望你能明白，用健康精美的食物滋润自己、自如地运动和流汗、真心真意地关心自己的健康，是怎样一种美妙的感觉。这是因为，一旦你拥有了这些知识，能够在这命中注定属于你的躯体中生活得如鱼得水，你就会发现：你拥有无穷无尽的能量；你能以前所未有的方式，来欣赏并体验这个大千世界。此外，你能用之前从未想过的方式来使用你的能量，这仅仅是因为，从前的你，太关注那些你认为自己无法拥有或不能做到的事情了。

因为我希望你能拥有这些。我曾和不少懂医学、营养学、健身、科学、健康和心理学的专业人士交流过。他们一生致力于了解人体，帮助人们，使大家能够让自己的身体和心灵展现出最佳状态。在这本书中，我将和你们分享他们的学识，并将我自己的个人经历——我自己学习了解自己的身体，并学会照顾自己的身体的人生旅程献给你们。该如何应用这些知识并从中受益呢？我就是一个活生生的例子。

在你们看完这本书后，在你们整合了书中的知识，在这些知识真正渗透到你的脑袋、你的身体、你的习惯中后，你不会再想起这本书，因为到了那时，这本书已经成为了你的一部分。这本书会成为你。当这样的情景发生后，你所拥有的一切能量都会转化成一种积极的能量，为了在这个世界上有所作为、取得成就、实现自我、发明创新而努力，而不是为自己长得如何、为何感到疲惫、为何体重居高不下而步履沉重、忧心忡忡。如果你感到自由自在、强壮有力、自信满满，你将能在这个世界上创造出多少惊人的奇迹？尽情想象一番吧！

但是这样的转变不是在一天之内就能发生的，也不是只要你把这本书瞄上一两眼，或者怀有一点希望，就能发生的。事实是，那种能让你一夜之间变得健健康康、快快乐乐的速效良方、魔力药丸是不存在的。如果你希望自己能获得健康，你就不能满足于了解人体的运行机制、了解健康需要什么，你必须尽你所能，不断地应用那些知识，做出你能做出的最佳决策，才能得到你想要的健康身体。这需要你不断付出努力，不是能一蹴而就、一举成功的。这就是为何知识拥有强大力量的原因——在你自内而外真正掌握了那些知识后，你就不会错过一切机会，你就能日复一日地将知识运用于实践中。

这本书并非一本节食瘦身书、一本运动养生书，也不是一本让你脱胎换骨、成为别人的手册。

这是一本让你做你自己的指南书。因为随着你越来越了解自己的身体，一些神奇美妙的事情将开始发生：你的内心和外表将发生转变。你开始明白，健康如何给你的生活带来了快乐、强壮能干的感觉是多么美好、良好的自我感觉会如何影响你生命中的其他一切事物。你将成为你所能成为的最美丽、最健康、最自信的女人，并且你应该得到这些，因为**你比你想象中的自己更美好**。

在你读完这本书时，你将对你身体的运作方式，有一个基本了解。你将明白，你的身体和心灵是如何亲密合作的。你将拥有更加强大的力量。你将明白，就在现在、就在此刻，你的身体已经是那么神奇、那么惊艳、那么美丽了！

所以，我希望你能将这本书作为指南，了解你那神奇的身体，并帮助它成为它本该成为的样子。对这本书，你可以随意一些。你可以拿支笔，在书上空白处写写画画，做做笔记。你可以在书页上折角。你可以问自己一些问题，然后寻找这些问题的答案。准备好了吗？现在就来遇见那个真实的、强大的、健康的、自信的、神奇的自我吧！

PART ONE

营 养 篇

爱 上 饥 饿 感

NUTRITION

Love Your Hunger

CHAPTER 1 | 人如其食

曾经，你是如此渺小，小得连肉眼都无法看到。那时，你不过是你母亲子宫中的一个细胞，显微镜下的一个小斑点。然后一个细胞变成了两个细胞，然后是四个、八个……这些细胞不断繁殖、复制、变异，直到你拥有了数百万亿个各司其职的细胞：大脑细胞、皮肤细胞、心脏细胞、胃细胞、血细胞，还有让你流泪的细胞、产生母乳的细胞、让你出汗的细胞、让你长出头发的细胞、给你视力的细胞，等等。

此刻捧着书的你的手，就始于那一团微乎其微的细胞。你的整个身体，始于一个几乎无法察觉的小斑点，然后不知怎么回事，你长成了现在这副让人惊艳的模样。这一切是如何发生的呢？你是如何从微不足道的小小斑点，变成现在这样神奇地呼吸着、奔跑着、大笑着的生命体的呢？你的骨骼、肌肉是如何长成现在的样子的？大脑、皮肤这些人体器官，还有你身上最重要的肌肉、你那颗怦怦跳动的心脏，又是如何生长的呢？是什么让这些器官继续成长、发挥功能？它们健康与否、强健与否，又是怎么回事呢？

有一个词能回答上面所有问题，这个词就是：营养。食物中的营养物质，决定你的细胞将以何种方式发展、成长、繁荣（抑或相反）。在你还是妈妈肚子里的一块肉的时候，你的成长状况取决于她的生活方式、她吸收到体内的营养——至少有一部分是这样（还有一部分由遗传基因决定，确切地说，那是她无法掌控的）。而现在，作为一个由数百万亿个细胞组成的成人，你的健康状况取决于你每次进食时，提供给身体的营养。

请问什么是细胞？

在我动笔写这本书时——当时我对我的身体状态很满意，我也问过这个问题：到底什么是细胞？关于这个问题，有个好消息是，人类发现细胞的存在，也不过350年左右。在1676年前，人们对细胞一无所知，因为从没人亲眼见到过活细胞。然后，一个叫安东尼·凡·列文虎克（Antoni van Leeuwenhoek）的家伙，在用一台前所未有的先进显微镜观察动物组织切片时，发现了一件让他无比惊讶的事：原来生命体是由无数细微的"小室"组成的，这些"小室"被称为细胞。

300年后，我们知道，人体细胞是错综复杂、有生命力的综合体，由脂肪和蛋白质组成（它们也是人体所需的两大营养成分，这点并非巧合）。在你摄入食物后，你的消化系统开始消化食物，你的细胞开始奋力工作。这些细胞大致相当于一个微型加工厂，它们利用氧气，将食物中的营养成分转化成人体所需的能量。

这些细胞就像忙碌的小蜜蜂。其中有些是红细胞，它们能让你精神焕发；有些是成骨细胞，它们形成你的骨骼。所有的细胞都以DNA的形式，承载着你的基因。这意味着，有关你的一切——无论是头发和眼睛的颜色，还是你的血型，抑或是你罹患某些疾病的风险，都存在于你的细胞中——包括你的卵巢细胞中。卵巢细胞将产生卵细胞，卵细胞收集你的基因并传给下一代。

各种不同的细胞像一个团队一样协同运作，创造了你的肉体——但无论何时,只要团队中的一员无法在最佳状态下工作,你就得去看医生了。因此你必须尽心尽责地给细胞输送营养,你得尽你所能找到并食用最富含营养的食物,这样你的细胞才能"为所欲为":保护你、治疗你、给你提供能量,让你能不断思考、不断呼吸。(感谢你们,脑细胞和肺细胞!)

这是因为你的食物塑造了你的模样——人如其食(You are what you eat)。

人如其食

第一次听到这句谚语时你有多大?我从孩提时起就经常听到这句话,但直到成年,我才真正明白这句话的意思。在我年少时,我觉得这话不过是大人的陈词滥调——它并不是那种我可以应用到生活中去的智慧。在那时,我还没有学会融会贯通。我不知道我吃下去的食物和我的感觉有什么关系,更不用说怎样给细胞提供能量,从而给我的身体提供能量了。

我现在懂事多了,我知道这意味着什么:我们每天所摄入的食物,创造了我们当天的经历。因为我们吃下去的食物,承载着我们的生命。

也许你的每一天,都是精力充沛、思维清晰、快乐幸福、充满感恩、富有成效、不断进步的,也许与之完全相反,你的每一天在迟缓呆滞、思维混沌、悲伤失意、充满遗憾中度过……大体上说,在倒霉的一天中,你浪费了各种机会。我花了很长时间才明白这一点,我现在终于搞清楚了:如果我吃下去的是垃圾,我就会感觉自己是垃圾;如果我吃下去的是富含能量的健康食品,我就会精力充沛。

今天、明天,直到 20 年后,营养都是一个值得你花时间去关注的问题,因为营养就是健康,而健康就是一切。

我们每天所摄入的食物，创造了我们当天的经历。因为我们吃下去的食物，承载着我们的生命。

▌健康意味着什么？

"健康"这个词时下很流行，让我花点时间来澄清一下，我所指的健康是什么。我指的健康，是拥有一个能够发挥最佳效能的身体、一个拥有精力可以全天运转而不致崩溃的身体、一个能够击退各种疾病并让人保持强壮的身体。我指的健康，是在你早上醒来、起床、做早餐、动起来时，感觉自己的身体棒极了。我指的健康，是拥有敏锐、清晰、缜密的头脑，还有快乐的心灵。

如果你拥有健康，那真是天大的幸运。你该竭尽全力使自己保持健康。如果你不够健康，你就该竭尽全力好好照顾自己，增强你的免疫系统，给你的细胞提供所需的所有养分，让你的身体能尽可能地正常运转，从而让自己尽可能地舒适愉悦。

一次普通的感冒，会让我觉得非常虚弱。每每想到这一点，我不禁会想，如果罹患了影响人生或者威胁生命的重大疾病，将会是什么样的感觉。倘若我的身体不听我的使唤、运转失灵，倘若我无法和朋友、家人共度美好时光，因为我只要动一动身体就会疼痛起来，那我一定会恨死那种感觉了。哪怕我知道，只要过几天，我的身体就会恢复，但那样的身体状态，仍然会让我感到沮丧。就是这种我讨厌的沮丧的感觉，让我下定决心，一定要让身体保持健康。

无论你现在处于何种状态，有一件事非常重要，就是你一定要爱上饥饿的感觉：你应该学会，为了摄取营养而好好进食，让你的身体、让你体内的每一个小小的细胞吸收所需的养分，让你越来越健康、越来越美丽。

而这，和你的味蕾细胞大有关联。

CHAPTER 2

食物，
美好的食物

我喜爱食物。我喜欢做美食，我喜欢吃自己做的美食。我爱为自己做美食，也爱为别人做美食。我也喜欢吃朋友和家人为我做的美食。我还经常和我在乎的人一起分享各种美味佳肴。我们互相给对方带去饭菜，我们互相邀请对方来家里吃饭。朋友或家人感觉不舒服时，我们会为他们送去各种食品。我会邀请朋友们到我家里做客，我们一起做饭，大家都做自己的拿手菜，因为每个人都有自己最爱吃的菜。去年圣诞节，我在家里举办了一场古巴主题的盛大晚宴。我的母亲和我两个人，把整整一天的时间都花在了烹制传统圣诞大餐上：烤猪肉、烤油鸡、黑豆饭、鳄梨沙拉……这顿大餐中蕴含着我们满满的爱。我们邀请了我们的朋友和朋友的家人，布置好了大餐桌，孩子们边吃着饭，边在草坪上奔跑嬉戏，大人们聚在一起大快朵颐。

我非常享受这个朋友之间分享美味佳肴的过程，感到身心愉悦。有人为你烹饪，那种感觉是多么温馨、多么甜蜜，而为别人烹饪，又是多么快乐、多么值得！在我还是小女孩时，每天等我放学、我妈妈下班回家后，我们就会聚在厨房中做晚饭。那样的晚饭，不仅仅给全家人提供了身体所需的营养，也滋润了我的心灵。

我们的日常生活离不开食物。人类为了庆祝自己的文化、传统和宗教而进餐；人们在婚礼和葬礼上聚餐；无论家常便饭还是华丽筵席，都离不开吃吃喝喝；我们在约会时进食、在工作午餐时进食。食物是家庭生活的有机组成部分，比如，烹饪一桌节日盛宴；它也是社会交往的有机组成部分，比如，下班后和朋友吃饭。就这样，一顿饭又一顿饭，我们盘中的食物，决定了我们是否健康。

如果想要有一个健康的身体，我们一定要食用天然健康的食品。如果有一样东西是我的至爱，那一定是健康的美食——我真的是那种会把盘子舔个一干二净的女孩。有个好消息是，我们能够在吸收营养的同时得到享受。你可以在享用那些让你尖叫的美食的同时，给你的身体提供足够的营养，让你的身体也快乐地尖叫。

真正的食物，健康的食物，美味的食物，有嚼劲的、嘎嘣作响的、够辣够鲜够香的美食，健康的、丰盛的美食。让这些食物给你带来健康的身体，带给你生命、健康、能量和活力！

速食食品不是真正的食物

我刚提到要为了营养而吃东西，要吃真正健康的食物。我指的是，要吃那些从土地中长出来的东西，或者由土地供给养分的食物，那些没有被现代技术糟蹋过的食物。

怎样能做到这一点呢？我们应该避免食用那些速食食品和加工食品。我们可以选择全谷物、蔬菜和水果，越原生态越好。因为那些速食食品和快餐食品，最初也是有营养的食物，但在你接触它们时，它们已经充满了防腐剂、用人工色素涂成了荧光色、灌满了人工香料，所以它们不是真正的食物。我是说真的。我无法把这些"食物产品"看成食物，因为它们不能给我带来健康。它们也不能给你带来健康。事实上，你会发现，它们甚至无法充饥。

在下文中，我们即将谈到，为何人工加工的零食和速食食品这些现代发明，无法成为营养的来源，以及缺乏营养将给你的健康（还有你的生活）带来什么样的影响。

请你们相信我——我真的了解那些速食食品。我是吃着速食食品长大的。我妈妈每晚都做饭，我们在家吃晚饭，但我那时十几岁，常常在外面活动，有点对速食食品上了瘾。我的朋友们会和我一起开车经过汽车餐厅，我会要一个双层奶酪汉堡，配上洋葱圈和炸薯条。我读初中时，我有一个朋友的哥哥在塔可钟连锁店工作。每天放学后，我都会去他的店里，买一个额外加奶油、加酱汁、不放洋葱的墨西哥大豆玉米煎饼，他总会给我两个。每天放学后，我都会吃两个大豆玉米煎饼，还有一杯可口可乐。每天都是如此，我就这样连续吃了三年。每天都吃。

如果说人如其食，那时的我就是一个多奶油、多酱汁、不放洋葱的大豆玉米煎饼。

而在我大吃特吃汉堡包、大豆玉米煎饼、洋葱圈、炸薯条时，我的皮肤是最糟糕的。我是说，我的肤质非常糟糕。这让人尴尬极了，为了让皮肤变好，我用尽了各种我能想到的办法。我想用化妆来掩饰糟糕的肤质，我想用药物摆脱它——口服药、外用药，甚至尝试了最痛苦的处方。没有一样能够持久。

从我高中时期一直到我 20 多岁，我的脸上一直有痘痘，而我那时已经在做模特和演员了。要在镜头前遮掩它们，真的非常有难度；这真的让我异常尴尬、备感受挫。我对自己的感觉常常糟糕透了。但我还是继续吃那些速食食品，我依然保留着年少时形成的坏习惯。我所摄入的食物，会影响我的体质、我的精力、我的身体功能——还有我的皮肤，可我当时对这些一无所知。我当时甚至从来没有想过，我的不良感觉、我糟糕的皮肤，有可能和我吃下去的食物有关，因为走进那家汽车餐厅，买上一块西南风味鸡扒，加上奶酪和培根，当然还有我的洋葱圈和炸薯条，再配上田园沙拉酱，真是太有诱惑了。

由于我是那家汽车餐厅的常客，那里的人都认识我了。

我一直都很苗条——少女时代苗条，青春时代苗条，长大成人后依然非常苗条。了解我饮食习惯的人都对我说："你真是太幸运了！你想吃什么就能吃什么，吃完了还是那么苗条！"我的体重没有增长，我也没有显微镜，没用显微镜去看看，在我的体内，那些细胞是多么不开心……所以我从来都不曾想到过，我的饮食方式，正是我身上所有问题的根源。可事实是，你吃下去的一切，都会影响你的身体，无论你属于哪种体型。有的食物能够给我们带来正面影响，比如全麦食品——它们不仅能给我们提供营养，还让我们充满活力和干劲，让我们有精力做我们想做的事。有的食物却会给我们带来负面影响，比如加工食品——它们缺乏营养，充斥着化学添加剂、人工色素和防腐剂，这些东西将干扰我们的激素，阻止我们的身体正常运转。就是这么简单。

肤质问题一直困扰着我，直到我快 30 岁时。那时我又开始自己做饭了，不再吃下那么多的速食食品了。随着我饮食风格的变化，随着我不再将加工食品塞入口中，一件有意思的事发生了——我的皮肤开始清爽起来。我的粉刺没有一下子完全消失，但是情况明显好多了。回过头来一想，我意识到，我用不着那些处方药，那些乳液、面霜、瓶瓶罐罐；我用不着对自己的皮肤生气；我用不着自我感觉那么糟糕。我只需要聆听身体的语言就行了。虽然我没有显微镜，但那些粉刺痤疮就是我身体的报警系统，我的身体在告诉我："快停手！把我要的东西给我，这样我才能干好我该干的活！"我开始食用全谷类食品，不再吃多盐、多糖的煎炸速食食品，随着我这样做，我的身体逐渐找到了平衡，我的皮肤也慢慢干净起来。当然，在战胜痤疮方面，激素变化和其他因素也许也有功劳。但在我改变了饮食习惯之后，我的肤质发生了戏剧性的变化，这点绝对是千真万确的。而且随着我进一步调整饮食，我开始关注我的身体对食物做出的一些其他反应——比如我的胃没那么疼了，还有我用餐后开始有饱足感。我开始意识到，如果调整我所摄入的食物的构成，不仅能改善我的肤质，还能让我精力充沛、胃痛减轻；不仅能改变我的外貌，还能改变我的精神状态。如果你也和我一样，对速食食品上了瘾，那么你也许会感到，自己的身体有些不对劲，或觉得自己的身体不属于自己。如果你和从前的我一样喜欢吃加工食品，你的身体就不属于自己——但你可以调整过来。

这样的一些经历，开启了我的美食和营养之旅。当我开始意识到，美容膏和医药箱不能解决我的问题时，我就想了解更多知识。我有一些对营养学很有研究的朋友，我让他们指点指点我。我越了解食物对我的影响，我心中的疑团就越多，于是我开始学习和聆听。我得到的答案越多，我就想了解越多。我所学到的一切，都在邀请我了解更多。我现在还在不断探索、不断聆听、不断学习。因为我知道好奇心能给我带来帮助，我知道只要产生兴趣、提出问题，并坚持实践我学到的知识，就一定能够带来成效。

现在我明白了，我的整个人生经历，是我摄入的食物所缔造的。我已经成功转型了。因此，如果你有什么想要解决的问题，无论是你的皮肤、你的体重、你的胃痛，还是你的情绪，你不该继续依赖越来越多的药丸、一层又一层的脂粉，或寄希望于找到快速解决之道，而应该从问题的根本入手：即，你摄入的营养。我可以向你发誓，你吃下去的食物对你——无论是精神上还是肉体上，将产生巨大的影响，这种影响将从你进食后的几小时开始，一直延续到你人生的尽头。在我懂得"人如其食"的道理后，在我决定给自己机会、让自己尽可能地感觉良好后，我的人生经历发生了改变。

在我们少不更事时，让我们活得健健康康，是我们父母的任务——他们会确保我们晚上休息好、早上吃早饭、带着打包好的午饭或吃午饭的钱去学校上学。可是在我们长大成人后，我们却忽略了这些保持健康的基本支柱，忽略了这些为了快乐生活必须坚持的习惯。只有精力充沛的人才可以放缓节奏，不必为了顾全工作、学校、家人、朋友、爱好，忙得团团转。

你的健康现在掌握在你自己的手中——没有人会为你的健康负责。所以，你可以问问自己：你希望你所拥有的身体，能让你"为所欲为"吗？你希望你的身体健康强壮、无所不能吗？你希望为自己的强健体质感到自豪吗？因为这些都取决于你的选择。

还有一个让人惊喜的好消息是，你并不需要在健康食品和美味食品中做出选择，鱼和熊掌完全可以兼得。你可以吃那些既对你的身体大有裨益、味道也无比鲜美的东西。你能同时拥有好味道和好身体。真正的食物囊括了一切：它是乐趣、是养料、是营养、是家人、是生活。

现在我明白了，我的整个人生经历，是我摄入的食物所创造的。我已经成功转型了。

狩猎者，采集者，
汽车餐厅常客

CHAPTER 3

你的身体是一台设计精良的机器。就像其他那些点亮你的人生的机器一样，你的身体需要养料——而且不是什么样的养料都可以。如果汽车仪表盘上亮起红灯，提醒你汽车燃料不足，你不会去买一加仑番茄汁倒到引擎里，对吗？你当然不会那么做——那太荒唐了。番茄汁不能发动汽车，汽油、柴油和电能才能发动汽车。和你的汽车一样，你的细胞也同样需要养料才能开动，因此给你的细胞提供适合的养料，它们才能发挥最佳表现，这是非常重要的。不管你叫它什么——养料也好，食物也好，营养也好，你身体的能量来自你吃下去的东西。它让你所想、所做、所说、所盼望、所感觉到的一切成为可能。食物维系着你的生命。

现在，我几乎可以听见你在说："别开玩笑了，卡梅隆，当然是食物让我活着啦，所以我吃东西啊。"没错，我知道你了解这些……可你明白全麦食品和加工食品的区别吗？全麦食品给你生命力，而加工食品能给你的营养，和包装它们的保鲜膜差不了多少，这点你知道吗？你知道你的身体是如何从食物中汲取营养，然后将它们转化成能量的吗？你知道糖原是什么，它在你的体内有什么功效吗？你知道碳水化合物是人体营养系统的根本吗？你知道大部分消化吸收都是在小肠——而不是胃中进行的吗？你知道为了保持健康，你就必须吃对脂肪，并且要吃对分量吗？

这些似乎都是不需要你去关心的问题。也许这些都太过科学了，或者太教条化了。但请你相信我：纵观人类历史，这些有关饮食的知识，对人类来说要比火药、火箭筒、短消息这些发明有用多了。

营养关系到生存

成千上万年前，人类能否生存，完全仰仗大自然的恩赐。人类依靠捕杀动物、采摘植物生存——这些植物和动物，都是人类碰巧撞见的。作为狩猎者和采集者，我们需要全面、深刻地掌握：哪些根茎浆果是安全可食用的，哪些是有毒的；我们需要花大量时间弄明白，如何追踪并捕杀那些比我们自己更强大的野兽；而为了确保我们附近总有安全的水源，我们花的时间可能更多。

这些似乎都是不需要你去关心的问题。也许这些都太过科学了，或者太教条化了。但请你相信我：纵观人类历史，这些有关饮食的知识，对人类来说要比火药、火箭筒、短消息这些发明有用多了。

如今，我们生活在一个需要我们寻找、采集大豆煎饼并用微波炉加

热的社会中，而不是一个需要我们捕杀水牛、将它用长矛刺死的年代里。尽管如此，我们依然是狩猎者和采集者，只不过我们所寻找和采集的变成了加工食品而已。因为，尽管我们现代人居住的"洞穴"中有中央暖气系统，熟食店里也有大量的即食食品，但我们仍然是人。或许我们只需要挥动几下智能手机，就能招来的士，但其实我们和以前那些靠摩擦木棍生火的家伙，具有一样的营养需求。我们和那些家伙一样需要能量，一样看到猎物就会产生追逐的本能。我们和他们一样，拥有固定不变的人生目标：找到吃的东西。

我是说，你想一想吧——在你一生的大部分时间中，生活的重心都放在如何找到食物上。也许你不会在森林中挥舞一把长矛，但在你还是婴儿时，你就学会了如何使用餐叉——这样你能吃东西；你学会了说话——这样你能讨要吃的（"还要"常常是婴儿首先学会的几个词之一）；然后你学会了做算术——你学会数钱是为了买东西吃；在这之后，你读书上学，是为了日后找到工作，工作的目的是赚钱，赚了钱你就能买生活必需品——我指的是食物。当然住房也是生活必需品，但如果你赚到的钱只够买一样东西，你一定会买食物。你所熟悉、所了解的一切事物，都能追根溯源到我们生活中最本质的东西——食物。

你能把一样东西放到嘴中，咀嚼、吞下，然后排泄出来，并不意味着这东西就是食物。这只能说明，这东西你咬得动、吞得下、拉得出而已。

显而易见，明白哪些食物可以食用、哪些东西应当避免食用，就和知道如何系鞋带、如何刷牙、如何背字母表一样，是人类最基本的技能。

然而让人震惊的是，这正是我们了解最少的。在过去数十年中，随着加工食品的出现，人类开始大量食用这些预先包装好的多糖、多脂肪、多盐的垃圾食物，而不是适量地食用全麦食品。产生的可怕后果是：很多人每天吃着那些引起他们恶心、饱胀、倦怠的食物；吃着那些让他们体重增加、皮肤变差、头疼心慌的食物；吃着那些让他们因为尿频、腹泻而不断跑洗手间，或者因为尿闭、便秘而完全不需要去洗手间的食物。

更可怕的事实是：由于不健康食品在体内日积月累，越来越多的人感到不舒服、不开心。可他们不知道，让他们不舒服的很可能是他们吃下去的东西——他们完全不知道，他们吃下去的东西根本就不能算是食物！这就是问题的关键所在：就因为你能把一样东西放到嘴中，咀嚼、吞下，然后排泄出来，并不意味着这东西就是食物。这只能说明，这东西你咬得动、吞得下、拉得出而已。

我那时候完全不知道，为何我自己感觉那么糟糕，还有，这么多年来我的皮肤为何一直这么糟糕；很多人和那时候的我一样，对于该如何为我们的身体提供养料，完全没有基本概念。除非我们愿意花时间去弄清，作为人类、作为生物，我们的身体究竟是如何运转的，否则我们就会让自己继续处于不舒服的状态下。让人毛骨悚然的是，我上面说的"不舒服"（腹部饱胀、胃疼、皮肤出问题等）其实都只不过是一些重病的先兆，而那些重病会干掉我们——以惊人的速度干掉我们。美国正在面临·场肥胖危机，无论大人还是儿童都未能幸免，美国肥胖患者的人数已经达到了流行病的标准。

2013年我写这本书时，大约每3个美国人中就有1人是肥胖症患者。孩子也是同样的情形：美国国家疾病控制中心的报告显示，有超过1/3的美国儿童超重或肥胖。自从20世纪80年代以来，青少年肥胖症患者的人数翻了3倍。难怪美国医学会最近宣布，正式将肥胖列为一种疾病。[1]

肥胖症及其并发症是能置人于死地的杀手。我们这一代人见证了人类在地球上生存方式的一大深刻转变：更多的人死于由于食物过剩而引起的疾病，而不是死于食物短缺，有史以来还是第一次出现这样的情况。

在人类发展历史上，人类的预期寿命一直在缓慢、稳定地上升。如果你是个活在1750年的20岁年轻人，你有希望能再活上个10年或者20年。而现在，一个20岁的女人很有希望能再活上55年——如果她健康的话。但是肥胖症威胁到了这一缓慢上升的趋势，甚至有可能使这一趋势发生逆转，即，人类预期寿命有可能向后倒退。《新英格兰医学杂志》2005年发表的研究结果预示，现在这一代美国儿童的预期寿命将比其父母的预期寿命短。[2] 你明白了吗？人类有史以来（不计入发生战争和瘟疫的年代），我们的预期寿命第一次在变短，而不是变得更长。我们根据西方饮食习惯所摄入的食物，事实上正在将我们引向死亡。我们正在吃死自己。这真是疯了！我们为什么要用食物来弄死自己，而不是好好享用食物，用食物来维系我们的生命，并让我们保持健康呢？

我们怎么走到了这个地步

当今世界是以便捷为中心概念构建起来的。你可以去食品店，购买别人为你种植和收割的水果和蔬菜（经常它们还是绕了半个地球运送来的）、别人为你养殖和屠宰的动物的肉、别人为你烘焙的面包。你也可以从无数的包装食品中进行挑选，这些食品被发明出来，就是为了满足你的种种需求和渴望。我们只需来到一家沃尔玛超市中，就能捧走从菠萝到猪排的一切食品。如果我们没有生活在这样的一个社会中，我们就得自己生产食物，亲自去干所有的活——种植、收割、屠宰、烹饪、烘烤，等等。那么为了吃饭而整日忙碌，将构成我们的全部生活，因为我们几乎没有时间做别的事了。

由于食物对维系生命至关重要，你就会精心挑选、食用那些含有你所需能量和营养的食物。你的身体将以脂肪的形式，把食物储存起来，这样在食物匮乏时，你就能依靠身体中保存的能量生存下去。你将对裹在你身上的那层脂肪充满感恩，因为你明白，你的身体需要用它们来撑过寸草不生、无法狩猎的冬季，让你来年春天可以捕杀或采集到更多的食物。

在遥远的古代，人类能在不饥饿时进食，因为这样做说不定能救命。可是后来事情发生了变化。人类逐渐开始栽种庄稼、饲养牲畜，而不再四处狩猎觅食。生活变得容易了一些，但并没有容易多少，因为还有许多活儿要干。

如果你生活在农业社会的早期，你就得弄明白，你们所处的地理环境适合哪些庄稼生长、怎样能让它们长好。你要赶在太阳升起前起床，在田地里劳作一整天的时间。你必须用心种植庄稼，还得好好照料牲畜。你得尽可能地栽种各种不同的植物，确保你饲养的牲畜能够获取它们所需的食物，健康生长，无论你需要这些牲畜为你供奶还是供肉。因为动物和人一样，吃下什么就会变成什么。除此之外，你将别无选择。因为，要生产出我们称之为食物的生活必需品，是非常繁重的工作。

最后，农业社会向前发展，产生了大大小小的城镇，人们除了做猎人和农夫外，还可以成为邮递员和诗人。而今，为人类提供食物的重担落在了一部分人的肩头，他们各司其职培育各种营养物，这样就解放了其他人的时间，让其他人可以追求自己的人生目标或者寻欢作乐。如果我们不得不进行狩猎或种植，我们就没有时间追求那些东西了。这是好的方面。

坏的方面是，我们为了给自己的生活创造更多便利，把生产食物的重任交给了别人，我们不再了解、关心自己的营养问题，不再对自己的营养负责。我们把活儿承包给了别人。西方医学之父希波克拉底有句名言："让食物做你的药，让药做你的食物。"这是他在 2000 多年前说的。可是现在，在那么多个世纪之后，我们在修挖管道、交通运输、做指甲油这些东西上长进不少，但在事关生命的这件大事上，我们却成了白痴。

20 世纪的美国饮食

100 年前的美国，可不是随便在哪个镇上都能找到墨西哥煎玉米卷、中式餐点和比萨饼的（纽约的第一家意大利比萨饼店在 1905 年前后开张）。实际情况是，你很有可能连其中一样都找不到。你能找到的，只有几家本地人开的小餐馆，它们提供的是使用当地食物作为原料、按照当地饮食习惯烹制的食物。没有连锁快餐店，没有美食街，没有 30 分钟内必到的比萨外卖。

从技术角度来说，食品公司能够大批量生产食物，也不过是 100 年左右的事。在 1910 年前后，广告商开始鼓励家庭主妇别再自己烘焙面包，购买商店中现成的面包以节省时间。在 20 世纪 30 年代，现代化的厨房允许人们将食物储存更久，做饭也比先前容易多了，方便快捷更加成为一种选择。就在那 10 年中，卡夫引进了加水即可食用的芝士通心粉，雀巢公司将速溶咖啡推向了市场。在 20 世纪 50 年代，冷冻快餐取代了全家人围在桌前的家常便饭。到了 60 年代，芝士火锅名扬天下；果酱馅饼、6 英寸（约 15 厘米）奇士牛排三明治、瘦身代餐奶昔也层出不穷。知道这是怎么回事吗？方便食品吃得越多，全麦食品就吃得越少，于是突然之间大家都需要节食减肥了。

在接下来的几十年间，美国人开始食用更多的加工食品，而节食减肥疯了似的风靡一时。听起来很熟悉吧？谢天谢地，在经过这么多年后，终于有一些睿智的声音响起，将加工食品影响健康、全麦食品乃是健康身体所必需的真相昭告天下。

1900s:

第一辆普通人买得起的汽车。

第一次实施汽车限速行驶。

女性的裙子更短。

卡露牌玉米糖浆。

金枪鱼罐头。

城市中通上了电。

袋泡茶。好时巧克力。

纽约第一家比萨饼店开张。

玉米片。味精。

1910s:

鸡尾酒会。

女权主义。

弗莱施曼公司发起全国范围的

面包房广告宣传活动。

康宝浓汤公司将浓汤作为食材

大加宣传。

奥利奥饼干。

棉花软糖。

女主人纸杯蛋糕。

1940s:

限额配给。战时菜园。

M&M's 巧克力豆。

奇多。无籽西瓜。

卡夫碎帕尔马干酪。

皮尔斯伯利馅饼皮现料。

冷冻薯条。

法国速食土豆泥。

雷蒂制品。速食米饭。

卡夫切片美国奶酪。

1950s:

罗莎·帕克斯。冷战。

芭比娃娃。户外烧烤。

电视快餐。田园沙拉酱。

速食拉面。必胜客。

邓肯汉斯蛋糕现料。低脂糖。

卷心菜汤瘦身法。

葡萄柚瘦身法。

第一款瘦身软饮料：不含

卡路里的姜汁汽水。

1980s:

荧光牛仔裤。酸洗牛仔裤。

波多贝罗蘑菇。

蔬菜汉堡包。红牛。

微波炉爆米花。

果冻布丁棒。

比佛利山瘦身法。

燕麦麸。橄榄园餐厅。

水果卷。

"健康选择"冷冻餐。

1990s:

发光运动鞋。《飞跃比佛利》。

麦当劳的豪华瘦身汉堡。

乐事烧烤味薯片。

不含脂肪的品客薯片。

不含脂肪的冰淇淋。

慢食运动。 斯奈克威尔士饼干。

健康食品在全国流行。手工面包。

芝心比萨。油炸马氏巧克力棒。

1920s:

禁酒令。

新女性风潮。香烟节食法。

酷爱饮料。好心情冰淇淋。

女童子军饼干。

波普希克尔棒冰。

维特斯麦片。卡夫奶酪。

鸟眼冷冻食品。迈克和艾克糖果。

皮礼士糖果。

嘉宝婴儿食品罐头。多姿乐糖果。

1930s:

经济大萧条。

美国主妇开始使用配有冰箱、
烤炉的现代厨房。

沃登面包（切片）。

女主人夹馅面包。

四季宝花生酱。

雀巢趣多多巧克力奇普饼干。

卡维尔冰淇淋。卡夫芝士通心粉。

雀巢咖啡。午餐肉。

1960s:

葛罗莉亚·斯坦能。

马丁·路德·金。

静坐示威。喇叭裤。

茱莉亚·查尔德。

芝士火锅。砂锅菜。

独立包装的番茄酱包。

水果蛋挞。高果糖玉米糖浆。

减肥中心。克努森 25 瘦身法。

原始的瘦身奶昔。

1970s:

魔方。旅行车。汉堡帮手。

斯奈普饮料。鸡蛋松饼。

艾丽丝·沃特斯的潘尼斯之家
餐厅开张。

星巴克。跳跳糖。巴黎水。

可回收汽水瓶。

本和杰里自制冰淇淋。

松脆饼干，曲奇饼瘦身法。

美容减肥。斯卡斯戴尔瘦身法。

2000s:

亨氏轻松挤（管状彩色番茄酱）。

麦当劳优质沙拉。

费城外带百吉饼和奶油干酪。

农贸市场。迈克尔·波兰。

牛奶谷物棒。

粉红浆果冰淇淋。

土耳其午餐肉。南海滩瘦身法。

低碳水化合物瘦身法。

草饲牛肉。放养鸡。有机食品。

2010s:

甘蓝。藜麦。希腊酸奶。快餐车。

维生素水。苹果蜂、星期五餐厅、
加州比萨坊等品牌出售的沙拉，
含有的热量超过 1000 卡路里。[4]

纯果乐的低热量橙汁。

培根巧克力。棒棒蛋糕。

迷你纸杯蛋糕。标记连锁食品
的卡路里值。不含麸质的饮食。

纯素食主义。榨汁。

"还要"和"更多"

我们还是婴儿时，就学会了说"还要更多"。自从那时起我们就一直"还要"，从没停下来过。看看你的周围，我们快要被食物淹没了：到处都是饭店。每家食品杂货店的架子上，几乎都有加工食品。加油站也可以买到食物，你只需把车子开到一个售货亭前，对着里面喊上几句，食物就会在5分钟内送到你的面前。能量棒取代了真正的食物，尽管它们所含的营养物质，大多都比不上一个苹果。到处都是铺天盖地的饭店广告，吹嘘它们的高糖、高脂肪的油腻食物量多份足，或者宣传它们的饭菜是买一送一的，因此如果你在第一天晚上下馆子，还能带一份回家第二天晚上再吃（听上去这笔交易真划算，但请你考虑一下，日后你得花多少钱才能减掉多余的脂肪，维持身体健康）。渐渐地，我们开始相信，食物是多多益善的——商店鼓励大宗购买、食品杂货店推出买一送一，还有"无限量"的一篮篮长棍面包。我们被"更多"吸引了，这是可以理解的——毕竟，作为狩猎者和采集者，我们的目标就是得到更多。可是现在我们生活在过剩而不是匮乏的世界中，给我们"更多"的食物，其实是给我们"更少"的营养。我们所寄居的身体，处于虚胖和营养不良的状态！没错：尽管你吃下了大量食物，但你仍然有可能营养不良，因为你摄入的食物不能为你提供营养成分。

我们的身体是怎样加工食物的？究竟什么才是真正的食物？如果没有真正明白这些问题，我们就像中了魔法的小镇居民一样，因为受到诅咒而不断做出糟糕的选择，并且想不通为何得不到我们想要的结果。

我们的身体是怎样加工食物的？究竟什么才是真正的食物？如果没有真正明白这些问题，我们就像中了魔法的小镇居民一样，受到诅咒而不断做出糟糕的选择，并且想不通为何得不到我们想要的结果。了解正确的信息，就像解除了魔法一样。你将会理解：为何有的食物能够提供给你一天所需的能量，有的食物却让你到中午时分就筋疲力尽，下午3点就盼望着一天赶快结束。你将学会：如何在你目前时间、财力和环境所允许的情况下，在食物方面做出最佳选择。

如果你希望感觉自己更能干、更强壮、浑身充满力量，那么了解有关营养的知识就是你个人的责任。

我理解，要1周7天、1天24小时不断地抗拒那些油腻美味的诱惑，是多么困难的事。每当我的鼻子闻到了那种香味，我就会像只猎犬一样——我想马上发现香味的来源，马上跑到队伍前面去买吃的。但我会提醒自己，想想吃下那些美味后会是什么感觉，那个情景可不太美妙。我希望能够由内而外感觉良好，因此，在通常情况下，我真正想要的"更多"，是"更多的营养"。

| # 如何爱上饥饿感

让我来告诉你一个秘密：只要是人，就一定会饿。在我们生命的最初几个月，我们哭啼不休，好让别人知道，我们肚子饿了，这样就会有人来喂饱我们。吃饱后我们就睡着了，饿了的时候再次醒来，哭闹着讨要更多吃的。婴儿可不会因为无聊了想吃零食而啼哭，也不会因为炸土豆片真的和婴儿床上方旋转着的星月挂件很搭而啼哭，或者为他们非常想吃一个石板街冰激凌而啼哭。他们啼哭，是因为他们体内的那些细胞需要营养来生长。那种不舒服的饥饿感，就是我们的身体告诉我们需要营养的方式。

现在你完全能够自己喂自己了。而且你有的是这样做的机会，因为人类一天会饿5到6次，每年、每月、每周、每天都是如此。也就是说，每年你总共会饥饿2 000多次。所以，让我们了解一下：究竟什么是饥饿、你为何会饥饿，还有你为什么不该忽视饥饿感。

什么是饥饿？

我们前面说过，你的身体就像一台精良的机器一样不停运转——就像别的机器一样，它需要燃料才能不停运转。饥饿是你的身体在警告你，你快没"燃料"了。汽车仪表盘上的红光，是汽油即将耗尽的标志，同样，饥饿感就是你身体发出的警示。如果你忽略了这一警示，或者想和它较量一番，它是不会离开的——事实上它会越来越强烈。你会变得精力无法集中、暴躁易怒，什么事情都无法做好。最后，当你无法继续忍受下去的时候，你看到什么就会吃什么，不管那是什么东西，不管味道好不好吃。此时你的身体已经极端渴求养料，所以你有可能会吃下比实际所需多得多的东西。这完全是因为，在一开始你的身体提醒你时，你没有安抚你的饥饿感，你没有立即把自己喂饱。

在这个过程中，你体内正在发生这些事：当你空空如也的肠胃开始大声咆哮时，你的细胞已经耗尽了维持正常功能所必需的营养和能量，你的身体急需供给和补足。这一点很重要，你应该牢记于心。因为，感到饥饿是百分之百健康的，而一些节食计划、杂志，偶尔还包括我们自己的想象，似乎会唆使我们相信，饥饿会欺骗我们，饥饿是一个陷阱。事实情况是：你产生饥饿感，是你的身体在催促你照顾好自己，给它提供能量，让你能好好活着。

你有没有想过一个问题，为什么你已喂饱了自己，可 3 个小时之后你又饿了？其实原因很简单：你所做的一切事情，都需要能量。无论你是坐着还是站着，是在跑步、行走还是与人聊天，都需要消耗能量；仅仅思考这一项，就需要消耗令人吃惊的大量能量：你那硕大、神奇、高耗能的大脑，需要消耗 20% 的总能量；哪怕在你睡觉时，你的身体也要消耗能量，这样才能让你的心脏不断跳动、血液不断流动；你的一些有意识的行为，比如给自己倒一杯水，需要消耗能量；你的那些无须意识介入的生命机能，比如呼吸和体温调节，同样也需要消耗能量。只要你活着，每分每秒都需要消耗能量。这就是你会感到饥饿的原因，这就是为什么不让自己饥饿是生存最根本的要求。

饥饿不是你的敌人。饥饿感是来自你身体深处的信号，它引导你生存下去。这就是为什么倾听你的饥饿感，并选择你能找到的最佳能源来满足它，是如此重要。这是多么出人意料的发现！你再也不需要故意饿肚子了。

每天早晨的第一件事：喂饱自己

我小的时候，妈妈每天早上都会把我及时唤醒，为我做上一份早餐。她会做几个蛋，把牛奶和麦片倒进碗里，不管我有多赶时间，必须吃了早餐才能出门。后来我长大了些，尽管有的时候我吃不上最讲究的早餐，妈妈还是不允许我什么都不吃就出门。有规律的早餐就是我早晨生活的一部分，是一种可以预期的常态。我就这样形成了吃早餐的习惯。

吃早餐的习惯就这样自然而然地成了我生活中的一部分，所以我从来没有认真想过，它对我的健康有多么重要。我从来没有想过，我出门时那么快乐、活泼、渴望出发，是因为我的身体里拥有充分的养料。（谢谢你，妈妈！）

17岁时我从父母家中搬了出来。我有生以来第一次有了自己的日程安排。我找到了一份工作——我是个模特儿——我一个人独自生活，这意味着，我的妈妈再也不会在早晨唤醒我了，我得自己唤醒自己。我是个成年人了！

不过，我只是在某种程度上，算是个成年人。我每天早上的时间安排是，能睡到多晚就睡到多晚。要是能蜷在被子里舒舒服服地多躺上10分钟，谁还在乎什么玉米饼？我会计算好起床、淋浴、出门所要花费的时间，因为睡觉是我的第一选择。还有什么能比睡觉更重要呢？

无论我是去试镜还是拍戏，由于没有妈妈催促我起床，我来不及好好准备、来不及吃一顿让人满意的早饭，我就这样养成了一个新的习惯——不吃早饭。那个时候，我完全没有意识到，那 10 分钟的睡眠，将会让我付出多大的代价；我完全没有意识到，因此而缺失的营养，对我的身心健康有多么关键。所以下面的情况也就理所当然地发生了：在拍摄结束后，我回到模特经纪公司的办公室，简直快要无法控制自己。由于我的血糖变低，我不是忧心忡忡、焦虑万分，就是在不断地打呵欠，甚至无法和别人交谈。（我不是多睡了 10 分钟吗，怎么还会这么累呢？）

这时，我的经纪人就会问我："你吃过早餐了吗？"

我就会回答："没，还没呢。"

直到她这样提醒我，我才意识到，我没有精力、思维涣散、失去自控的原因是：我对自己的饥饿感置之不理。于是我会下楼，买一份午餐：一大盘鸡肉、绿叶蔬菜和一些土豆泥。在我吃了两口后——啊，我又能思考了，又能呼吸了，我又觉得自己是正常人了。

过了很久以后，我才恍然大悟。我终于明白了，以前妈妈每天都要我吃早饭，吃了早饭后才准许我出门上学，是因为她希望我的身体能够获得养料，使我能够精神饱满地度过整个上午。我要告诉你，在我意识到，是否吃早饭会给一整天的生活带来多大不同后，我对吃早餐的态度发生了变化。我意识到，在我受到温暖被窝的诱惑、早上不吃早饭的那段时间，正是我心情最糟糕、思想最困惑的时候。我之前以为那是因为困惑，原来是因为饥饿，是因为我忽略了我的身体对能量的需求。

随着我又开始吃早饭，阳光又变得温暖起来，我的头脑和心灵都变得清澈起来。

做你自己的能量专家

如今，早餐是一日三餐中我最爱的一餐。早餐给我力量和能源，让我能穿上运动鞋、进行早锻炼；早餐能帮我安排妥当一天所需的营养。吃过早餐后几小时，我又在加餐了，以保持充沛的能量。然后我一定会吃一顿包含蔬菜、谷物、鸡肉或鱼肉的午餐。下午我会再加餐一次：如果我在家，或许会吃一片鸡肉；如果我在外面忙碌，我会随身带上一些米饭和扁豆。然后我吃晚餐，晚餐吃什么、吃多少，取决于我当天做了什么事以及我认为那天晚上我需要多少能量。总的来说，晚上我不需要白天那么多的碳水化合物来供给能量，因此我的主打晚餐是少量的含蛋白质的食物。

你的一天是如何开始的？你会享用一顿健康的早餐吗，比如燕麦或鸡蛋、蔬菜？你会随身带上健康的小吃吗，比如坚果和水果，让你能在两餐之间补充能量？如果白天在外就餐没有什么好的选择，你会打包一份健康的午餐吗？如果你没有这么做，你就没有为自己提供足以支撑一天的能量。能量让这个世界运转，无论对人类来说，还是对一台笔记本或一部手机来说。

我的意思是，其实你早就在关注能量问题了。你不相信我吗？想想你的手机吧。出门前你会带上一部没有充电的手机吗？你当然不会。每天离家前，你一定会确保手机已经充足了电。要是你的手机即将没电，你又没有带上电源线，你就会疯了似的到处乱转，想方设法让手机充上电。事实是，你一想到手机没电就会惊慌害怕，你会立马看你的手机，确保手机还有足够的电量，能收到朋友的短信和共享照片。

对你身体的能量水平，你也应该如此重视。你该充满能量地开始一天，并时刻关注一天内你的能量水平的波动情况，在需要时进行充电。食用天然食品、给你的身体提供各种主要营养物质，就像给你的苹果手机充电一样；如果这样做，你能给你的一生充上满满的电。

CHAPTER 5 吸收太阳的能量

这个星球上的生命故事就是能量的故事：发现能量、使用能量、照顾好自己、让自己充满能量。那么能量来源于哪里呢？外太空吗？

没错，这是真的。能量来自太阳。

在我们这颗星球上，几乎一切能量都来自太阳。我们燃烧柴火和煤炭，从而获得热量；太阳让树木生长，而煤炭来自数百万年前死亡的树木和植物。阳光让气压和气流发生变化，从而产生风能。那么你给手机充电是怎么回事呢？电力是风能、石油和煤炭的另一改良版本。

如果缺乏能量，你会感到寒冷、感到饥饿，你的手机会没电。一切能量——温暖我们的能量、给我们的手机充电的能量、我通过食物摄入的能量、你通过食物摄入的能量——都来自太阳。

当我在餐厅中坐下，点上一份番茄罗勒沙拉时，我明白番茄和罗勒能够生长，依赖的是太阳提供的能量。当一头牛咀嚼牧场中的青草时，它吸收的是太阳的能量。因此，当你吃下含有副餐沙拉的草饲牛肉汉堡，或者一块有烤蔬菜的牛排时，你吸收的是太阳的能量。太阳的能量以宏量营养素——碳水化合物、蛋白质和脂肪的形式进入我们体内，带给我们能量、力气和生命的活力。简而言之，来自太阳的营养物质，赋予了我们生命。

既然能量来自太阳，那岂不是我们只要在游泳池边闲逛几个小时，就能获得能量？这样岂不是更加方便？但不幸的是，这样是行不通的。幸运的是，植物、藻类还有某些叫作蓝藻菌的细菌拥有惊人的能力，它们能通过光合作用，将太阳能转换成它们自己的生命能。

正是植物的生命能让樱桃和甜菜如此鲜美甘甜，也为你的身体提供正常运转所需的养料。在我们吃下植物和动物（动物吃植物）时，我们以宏量营养素的形式储存了太阳能。宏量营养素一共有三种：碳水化合物、脂肪和蛋白质。

宏量营养素能够提供能量，它们也含有各种微量营养素。微量营养素一共有两种：维生素和矿物质。微量营养素提供给我们的一切营养物质，你能在各种维生素中找到——但如果你通过食物摄取这些营养素，效用将比服用维生素片更好。说起服用药片，我们可别忘了水。尽管水不属于宏量营养素和微量营养素，但它也是一种营养物质。三种宏量营养素，再加上维生素、矿物质和水，就构成了对人类生存至关重要的六种营养物质。

阳光是如何成为能量的

你有没有想过，碳水化合物究竟来自哪里？植物类食物中所蕴藏的基本能量，是二氧化碳、水和阳光的综合物。你也许知道，在地球这颗星球上，空气是由氮气（约占4/5）和氧气（约占1/5）、一些二氧化碳及其他气体所组成的混合气体。为了给自己提供能量，植物通过叶子从空气中吸收二氧化碳（CO_2），并通过根部从土壤中吸收水分（H_2O）。当这些二氧化碳分子和水分子到达叶子和花的表面时，它们就暴露在了阳光下。日照引起化学反应，令 CO_2 和 H_2O 分解，分子重新组合，产生一种叫作葡萄糖的单糖，进而形成碳水化合物。

重要的宏量营养素

人体需要大量的宏量营养素才能存活。你的嘴唇所触碰的每一口美食中，都包含碳水化合物、蛋白质或脂肪——或者同时包含它们三者。在人体这个复杂的机器中，这三种宏量营养素有不同的特性和作用，但它们三者都能提供能量，作为你身体所需的养料。

如果摄入比例适当，摄入天然食物中的复合碳水化合物、精益蛋白质和不饱和脂肪都是非常重要的，因为它们一起构成了生命的基石。这些物质从细胞深处滋养着我们。

米饭、全谷物食品和蔬菜能提供碳水化合物，你的身体能将碳水化合物转化成葡萄糖，给你提供能量；鱼肉、家禽和豆类能提供蛋白质，你的身体能将蛋白质分解成氨基酸，修复损伤的肌肉；坚果和橄榄油中含有不饱和脂肪，为你的身体带来脂肪酸，而脂肪酸是人体吸收维生素和矿物质、保持身体健康所必需的成分。

有时候，你会想吃甜蜜蜜的、脆生生的或咸乎乎的东西，吃东西似乎是为了满足人的口腹之欲，但食物的真正作用是：滋养你体内那一个个贪婪的小细胞。因为所有细胞都需要养料才能存活。即便是最小的细胞——细菌细胞，也需要养料。而人体细胞大约有细菌细胞的 10 倍大。

宏量营养素的"行驶里程数"

宏量营养素对人体的作用，就像汽油（或者电力）对汽车的作用一样。在你给汽车加油时，你知道那些汽油能让车子在城市中或者高速公路上行驶多少公里。同样，碳水化合物、蛋白质和脂肪也具有各自的能量等级。能量等级能够帮助我们判断出，我们摄入的宏量营养素能支撑我们多久。一旦这些营养素被耗尽，我们就会感到饥饿，又需要更多营养给身体提供能量了。

　　我们用来表示食物能量等级的单位叫卡路里，没错，就是卡路里。卡路里并非用来衡量食物会让人"增肥"多少，而是用来衡量食物中包含多少能量。

每克碳水化合物能提供 4 卡路里。

每克蛋白质能提供 4 卡路里。

每克脂肪能提供 9 卡路里。

　　正如你所看到的，和碳水化合物、蛋白质相比，每克脂肪所提供的卡路里更多。因此我们说，脂肪是能量密集型营养素。换句话说，一点点脂肪就能支撑你好久。如果你希望自己精力充沛、身体健康，你就该食用碳水化合物，点燃生命之火；食用蛋白质，让你一整天都能有稳定的表现；食用脂肪，以丰富食物的口味；喝水以保持身体中的水分。吃下各种食物，确保你能得到充足的维生素和矿物质；喝下充足的水，能让这些维生素和矿物质顺利进入你的细胞内。这样能让你一整天都能量充足、精力旺盛。

　　这就是我对食物和营养的看法。我很少会去想，我摄入了多少卡路里，因为我觉得卡路里这个东西很搞笑。在 20 世纪 20 年代，卡路里第一次进入公众视野，然后我们就对这个概念着了迷。但是卡路里并不能精准地衡量你需要的营养。卡路里带给你能量，但如果你只得到了能量，营养却不均衡，你可活不了多久。

并非所有的卡路里都是一样的

如果说，宏量营养素代表着养料，那么微量营养素就代表着品质。一些营养物质能够点亮你的人生；而一些廉价食品却会阻滞你的机体，拖慢你的脚步，这两者的区别是微量营养素造成的。举例来说，葡萄既含有卡路里，也含有营养；而葡萄汽水只含有卡路里，不存在营养。番茄和番茄酱、苹果和苹果酒的情况也与此相同。你在家里烹饪的、配上了紫甘蓝沙拉和新鲜洋葱辣调味汁的、加上了黑豆的墨西哥玉米卷，和你下班路上在汽车餐厅买的玉米卷，也是同样的区别。

土地中生长出来的天然食物中，含有各种维生素和矿物质。有时，加工食品中也含有添加的维生素和矿物质，但对天然食物进行加工这个过程本身，就会破坏食物中的营养和纤维。营养学专家谈到天然食品和加工食品的区别时，会使用"营养密集的热量"和"空热量"这两个概念。一卡路里热量所能提供的营养成分越多，营养就越密集。空热量就是空热量，那些加工的垃圾食品不能提供任何高品质的营养成分——你得到的只是卡路里而已。

这对你来说意味着什么呢？

这意味着，你有可能吃下——有时是一口气吃下——你一天所需要的卡路里，但你的身体却没有得到任何营养成分。你的肚子吃饱了（说不定吃得太饱了），可你的细胞却没有得到让细胞正常发挥功能、让你自我感觉良好、让你保持健康所必需的营养。

如果你对饥饿的反应就是吃下一些高热量、低营养的食物——比如加工食品、速食食品、过甜的点心，你并非在"宠溺自我"——你在拒绝为自己提供健康生活所需的营养。而当你开始食用樱桃而不是樱桃派、葡萄而不是葡萄汽水、胡萝卜而不是胡萝卜蛋糕、家中自制的玉米煎饼而不是汽车餐厅中买的玉米煎饼——也就是营养密集的食物时——你吃下去的每一口食物，都将发动你身体的引擎。

对"低"说不

在过去的几十年中，节食和瘦身风尚风靡天下，每一种宏量营养素几乎都被抹黑了。首先是在 20 世纪 80 年代，人们开始对脂肪产生偏见，宣称脂肪会引发疾病、增加体重。你还记得当时市场上充斥着那些不含脂肪的小吃吗？曲奇饼干、冰淇淋、苏打饼干全都不含脂肪，甚至还有不含脂肪的奶酪，我的天哪。可是，亲爱的，天下没有免费的午餐。

在他们除去脂肪时，他们添加了糖，而糖能让人发胖。更不用说，其实脂肪（天然、健康的脂肪）是对你有益的。紧接着，碳水化合物遭了殃，大家都一窝蜂地开始不吃碳水化合物（讽刺的是，这样的节食又走向了高脂肪），人们似乎忽略了一个事实：糙米和藜麦这样的复合碳水化合物和全谷物，和你在炸薯条、比萨中能找到的碳水化合物，可不是一回事。而在最近，又掀起了一股减少动物蛋白质摄入的浪潮，然而摄入适量的动物蛋白质是健康的（并且一片上好的野生三文鱼中所含的蛋白质，和我从前经常光顾的那家汽车餐厅中的蛋白质是有云泥之别的）。

这些节食浪潮不但让人困惑，而且给我们的身心带来重重风险。很多人到 30 岁时，已经吸纳了许多误导信息，弄得都不知道该相信什么了。让我们正视现实吧：如果那些节食风尚真的能够奏效，那么我们现在无疑都应该穿着比基尼，吃着不含脂肪、低碳水化合物的曲奇饼，而不是继续把钱扔在一个接一个的瘦身计划上了。我们该来重新学习一下基本生物学知识了。

微量营养素：身材小、效用大

你所需摄入的微量营养素，不像宏量营养素那么多，但它们对你的健康仍然非常关键。[5] 如果你每天都吃各种水果和蔬菜，你很有可能已经摄入了充足的维生素和矿物质。如果你不是每天食用生鲜果蔬，那么你可能需要多吃些沙拉了，而且在你吃的沙拉中，除了生菜以外，还该有别的果蔬！

正如我们在本书好几个章节中都谈到的，微量营养素是我们不可缺少的盟友，你吃下去的生鲜果蔬越丰富多样、越五彩缤纷，你就越有活力和生气。如果你的膳食中缺乏新鲜的果蔬，如果你缺少一种或一种以上的维生素或矿物质，你的身体就有可能发生各种状况，比如，精神抑郁、肌肉退化、脱发，等等。听上去够严重的吧？事实就是这样。但是，如果你在餐盘中装点上鲜亮的绿色、大胆的红色和灿烂的金黄色，就能避开这些不良后果。

孩童时代，我们能够茁壮成长，依赖的是摄入微量营养素。作为成年人，我们也需摄入微量营养素，才能让自己健康有活力。你的骨骼、肌肉、视力、大脑功能、免疫系统，都要依靠微量营养素，依靠你每餐摄入的维生素和矿物质，才能保持健康。

最重要的营养物质——水

饮用水中不含热量，但它却是最重要的营养物质，因为它在赋予你生命的一切化学反应中，起到关键作用。它不能给你提供养分，但这两个氢原子、一个氧原子的组合，却在你的健康中扮演着令人惊讶的重要角色。水有助于调节体温，水是你体内的冷却剂。水将营养物质输送到细胞中，并清除细胞中的废弃产物。如果没有水分，就无法把碳水化合物、蛋白质和脂肪转化成可供身体使用的能量，你就无法生存、呼吸。

素食友好型营养物质

素食主义者只从植物中获得能量。人们选择吃素的原因各种各样，有的人是因为太喜欢奶牛了，所以不愿把它们当作食物，而有的人真的非常喜欢蔬菜的味道。也许他们相信，吃素更有益于他们的健康、他们的灵魂，吃素对这个星球更好，或者对他们的钱包更好。

在没有肉类食品的素食主义的国度中，也存在着多种饮食风格。

· 有的素食者除了水果和蔬菜，还食用蛋类和奶制品。（奶蛋素食者）
· 有的素食者吃奶制品，但不吃蛋。（乳类素食者）
· 有的素食者吃蛋，但不吃奶制品。（蛋类素食者）
· 有的素食者只吃植物，不吃任何取自动物的食物，包括蛋类、奶制品和蜂蜜在内。（严格素食者）。

我建议你们和素食主义者交朋友。真的，不少素食者都能把新鲜出土的蔬果，做成美味可口、让人简直欲罢不能的美食。我吃鸡肉和猪肉，但也喜欢吃素菜，我发现我的那些素食朋友常常会把各种蔬菜新品种介绍给我，并教给我烹饪这些蔬菜的绝妙方法。

最后我想说，无论你只是浅尝辄止地尝试吃素，还是你已吃素多年，是个资深的素食者，你仍然和其他人一样，面临着同样的挑战：你需要摄入不同品种的天然食物，从而给你的身体提供必需的营养。

复合碳水化合物
就是能量

CHAPTER 6

当我看到一碗燕麦粥、一片烤红薯，还有玉米棒上黄灿灿的玉米粒时，我看到的是能量。当我看到一碗糙米或藜麦（它的读音和烹饪方法难倒了许多人，煮12分钟它就能熟），我看到的是能让我的味蕾快乐的食物；我看到的是，能让我一天工作12个小时、在片场拍电影；我看到的是，能让我有精力去冲浪、逛街、和朋友一起玩乐，或者做其他任何我想做的事，包括写这本书。我们做一切事，都需要体力和脑力。

我喜欢积极主动，我喜欢集中、清晰的思维，因此我喜欢碳水化合物。我爱它们！超爱！是它们给我提供能量，让我可以做所有我想做的事情。选择我该摄入的碳水化合物，能让我充分利用每一天。我该摄入的碳水化合物应该来自天然食品，大自然让它们长成什么样就还是什么样：它们应该是仍然保持原生态的谷粒，没有被做成比萨饼皮或椒盐卷饼；它们应该是天然水果，没有变成果汁或浸在糖中；还有蔬菜，鲜嫩的蔬菜无论是生吃还是用橄榄油或其他健康食用油烹饪，都好吃。

你的大脑依赖碳水化合物

对你的大脑、神经系统和红细胞来说，碳水化合物是它们主要的养料来源。无论你做任何事——哪怕只需要燃烧一点点热量，你的肌肉都需要碳水化合物作为养料。无论你是在打网球、骑车或跳舞；无论你是在考试、写剧本或将数据录入电脑，你都需要碳水化合物才能继续下去。

事实上，大多数饮食专家和营养专家建议，在我们每天摄入的总能量中，应该由碳水化合物提供其中的一半（45%～65%）。

既然如此，人们为何如此惧怕碳水化合物呢?

不知道从什么时候开始（大概是由于狂热的节食风尚），很多人开始把复合碳水化合物和简单碳水化合物混淆了。复合碳水化合物能在全谷物、蔬菜、水果和豆荚中找到；而简单碳水化合物出现在精制谷物和各种含糖的垃圾食品中。复合碳水化合物能让你过上精力充沛的健康生活，而简单碳水化合物只是空热量的来源。此外，简单碳水化合物有点狡猾，因为在你吃下那些精制的、不含纤维的东西时，你会不停吃呀吃的，永远不会觉得吃饱了，这意味着你的体重会增加，可你却完全不知道自己吃过头了……这真是太恶心了。我知道，如果我吃的是一大碗只涂了番茄汁的、白花花的、精制的意粉，吃着吃着我马上会感到厌倦，很快我又会感到饥饿。但如果我吃的是一碗高粱面，并佐以清炒花椰菜、绿皮西葫芦和烤鸡，我就能能量满满、肚皮饱饱地度过好几个小时。如果我希望拥有更多能量、让肚子更满足，我会食用全谷物糙米或藜麦。因为全谷物完全没有经过加工，而且正如我在下文中将要谈到的，相对于精制的碳水化合物而言，全谷物是更为持久的能量来源。

关于全谷物的全部真相 [6]

一颗全谷粒是植物的种子：整颗种子，没有
被添加的物质，也没有被拿走的成分。一颗种子
由几个部分组成：胚乳、麸皮和胚芽。[7] 胚乳中含
有大量淀粉，但它并不能提供多少营养。麸皮，
就是种子或谷粒外面的那一层，它含有纤维。而
胚芽包含了一切营养成分，比如铁质和 B 族维生
素，包括烟酸（维生素 B_3）在内。

1. 胚乳
2. 麸皮
3. 胚芽

全谷粒可以整颗食用，比如糙米；也可以磨
碎了食用，比如磨碎的小麦或干小麦；也能被碾成粉末，用来制作意粉、
燕麦或者比萨面团。如果你将小麦谷粒碾成粉末，你得到的是全麦面粉，
其中包含全麦谷粒中的所有成分：黏稠的胚乳、富含纤维的麸皮和富有
营养的胚芽。

你见过精白面粉吗？许多人在做巧克力薄片曲奇的时候都会用到
的。你知道吗，那是精制过的白面粉。尽管它的生命始于田间的一棵植
物，尽管它来自一颗包含胚乳、麸皮和胚芽的种子，在它被做到曲奇饼
干中时，它已经被加工过了，除去了麸皮和胚芽，只剩下了胚乳。明白
了吗？纤维和营养成分都被除去了，只剩下了黏稠的胚乳，而且常常连
胚乳都经过了漂白，因此特别漂亮，雪白雪白的。然后再重新注入一些
营养成分，比如硫胺素、叶酸、烟酸和铁质。这真是咄咄怪事！我们去
除了那颗完美的小种子中包含的营养物质，拿走了好东西，然后又试图
进行补偿，这真是疯狂。

这就是细粮和全谷物之间的区别。

请你想一想大米。点中餐时，你见过那种软软的、雪白的大米吧？

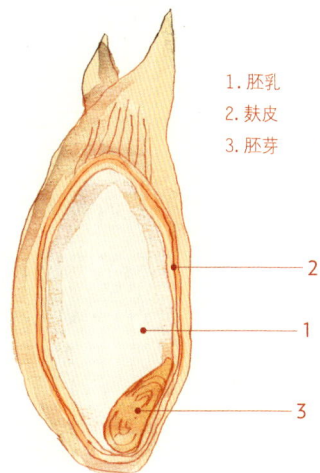

那种大米已被去除了麸皮和胚芽，只剩下了黏稠的、并没有多少营养的胚乳，供你配上蘸着大蒜酱的花椰菜一起食用。如果你点的是糙米，那么除了热量外，你还能得到纤维和营养，并且你所得到的能量是缓慢、稳定地供给的，而不是一下子快速升高的。为什么？因为你的身体能够轻易地加工简单碳水化合物——太轻而易举了。当你摄入简单碳水化合物时——它们都是简单分子，它们太便于你的身体使用了，你的身体一下就吸收了其中所有的能量——并带给你短时的亢奋。而复合碳水化合物是由一连串连在一起的碳水化合物分子组成的，你的身体需要辛勤努力一番，才能将它们分离开来并加以利用，这将花费不少时间，因此它们才是更为持久的能量源泉。

简单碳水化合物是由一个或者两个糖分子组成的。
复合碳水化合物是由三个以上糖分子首尾相连组成的链式。

简单碳水化合物

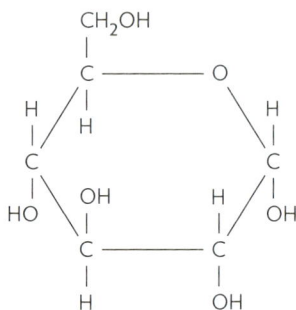

复合碳水化合物

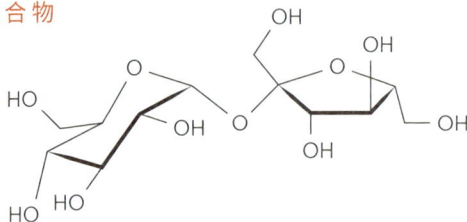

考虑到这一点，我们更应该只食用全谷物，而不是食用"强化的"加工谷物。你能得到纤维，你能得到营养。你能吃到、享受到更多种类的食物，同时你的身体也能够得到更为持久的能量。糙米、红米、黑米、野生稻米、小麦胚芽、小米、燕麦，太美味了！

以下是我最喜欢的一些碳水化合物……

世界上有许多味道鲜美的复合碳水化合物供你选择。以下这些食物，常常能在我的厨房和餐盘中找到：

水果	蔬菜	谷物	豆类	面食
葡萄柚	甘蓝	藜麦	鹰嘴豆	高粱面
番茄	菠菜	糙米	黑豆	蒸粗麦粉
苹果	甘薯	燕麦碎粒	扁豆、斑豆	藜麦面

到底什么是纤维？

说到健康和减肥，人们总会说到纤维——那么我们就来看看，究竟什么是纤维，它有什么功用。

纤维是一种人类无法消化的复合碳水化合物，能在蔬菜、水果和谷物中找到。尽管我们的身体无法分解它们，但食用足够的富含纤维的食物，对我们仍然非常重要，因为这些我们无法消化的东西，能够锻炼我们的消化道，帮助我们排出体内的废物。纤维也能降低我们罹患糖尿病、心脏病、结肠癌等疾病的风险，帮助我们的体重走向正常化，并且控制我们的胆固醇水平。

优质的纤维，并不是装在瓶瓶罐罐中的粉末，也不是被添加到苏打饼或曲奇饼中（或一瓶饮料中）的物质。它们来自天然、美味的食物。当你的饮食中包含各种我们一直在谈论的富含营养的食物时，你肯定能

让人不快的食物

如果食物中所含的纤维不多，冷藏后更容易保持原来的质地。因此，速食食品制造商会将冷藏炸薯条、小馅饼和圆面包等食物中的纤维降至最低，所以，他们生产的那些食物吃上去都是一模一样的味道。

获得足够的纤维。

摄入多少纤维才够呢？据估计，在我们打猎、采集食物的古代，我们大约每天摄入100克纤维。[8]而现在，专家推荐年轻的成年女子每天摄入25克纤维——只有那时的1/4（青少年则是26克）。引起我们所摄入的纤维减少的一个原因是，人们食用速食食品和加工食品——因此，为了获得你每日所需的纤维，最好能食用天然食物。况且，大自然也给了我们绝妙的工具——我们的牙齿——来强力启动消化阶段的第一步。随着你的牙齿翻动和嚼碎食物，并在唾液中消化酶的共同作用下，纤维开始分解，这样当食物经过你的其他消化道时，你的身体就能更好地吸收食物中的营养成分。因此，你妈妈说得没错——你永远都应该好好咀嚼食物！

如果你今天早餐吃了燕麦，上午10点左右吃了一个苹果，午餐吃了一碗黑豆汤和一份沙拉，你的纤维目标已经完成了一半。这对你的热量水平也有好处，因为纤维能帮助调节你的血糖，让你的血糖水平保持稳定，而不会让你踏上高血糖或低血糖的过山车之旅——那是摄入经过加工的碳水化合物的后果。

酶类能帮助你的身体构建并分解蛋白质。在消化过程中会用到酶类物质——有趣的是，玛丽·罗奇的《狼吞虎咽》一书中提到，在洗衣粉中也含有酶类，因为它们能"消化"并除去食物渣滓。[9]

两种类型的纤维

非水溶性纤维

·又称为：纤维素、半纤维素。

·存在于：全谷物中，例如燕麦、大麦和小麦；种子和坚果中；蔬菜中，例如绿皮西葫芦和芹菜；水果中，例如葡萄和葡萄干。

·功用：由于非水溶性纤维不能被人体吸收，它能帮你扫除消化系统中的食物和废物（就像是你体内的丝瓜络）。我记得有次听人说，花椰菜是大自然赐予人类的清道夫。想起这句话，总能让我会心一笑，因为这是千真万确的！当你的身体把食物加工成营养物质时，花椰菜富含纤维、不会被消化的顶端部分，会将你大肠中的废物一扫而光。真是酷毙了！

水溶性纤维

·又称为：果胶、（植物）黏液、车前子和木质素。

·存在于：谷物中，例如燕麦；豆类中，例如扁豆和菜豆；水果中，例如苹果和橙子；蔬菜中，例如黄瓜和胡萝卜。

·功用：水溶性纤维能被你的身体吸收，它能减缓消化过程，从而令你的身体能最大化地吸收营养物质。如果你吃了一顿高纤维膳食后，感觉饱胀或胀气，那是因为你身体中的细菌在将可溶性脂肪转化成气体。

麸质，到底吃不吃？

这段时间，饭桌上那篮温热松软的面包成了晚宴上的热门话题。许多人都不吃面包了，不是害怕面包中的碳水化合物，而是担心麸质。那么究竟什么是麸质呢？

麸质是"胶质物"的拉丁文，是一种能在小麦和其他谷物中找到的蛋白质，它让面包富有嚼劲。据全谷物协会报道，各种小麦中都含有麸质，包括斯佩尔特小麦、卡姆小麦、法罗小麦、硬质小麦、碾碎的干小麦、粗粒小麦粉。此外，大麦、黑麦、黑小麦中也含有麸质。不含麸质的谷物包括谷粒苋、荞麦、玉米、小米、燕麦、藜麦和大米。

很多人都不吃麸质。有的人不吃麸质，是因为麸质有可能会引起慢性炎症，有的人是因为对麸质过敏，或者患有乳糜泻。麸质过敏会引起消化不良、出疹子、情绪沮丧、关节酸痛等一系列问题。据全国乳糜泻基金会称，有 300 万美国人患有这一疾病，但其中只有 5% 的人曾就医确诊。如果你认为自己可能患有麸质过敏症，赶紧去看医生。

让碳水化合物变得可口

如何增进碳水化合物的口感，让它变得可口呢？我在不断寻找新的方法。比如，我个人喜欢鲜味胜过甜味。所以，早上煮燕麦粥时，我没有佐以有甜味的食物，而是做了一个大杂烩：清炒绿皮西葫芦、绿叶羽衣甘蓝，放上蛋白和焦糖洋葱。我在菜上淋上日式酱汁（一种用米醋和柑橘做成的日式调味酱），或者淋上一点儿柠檬汁。这份早餐味道鲜美，还包含了许多我爱吃的食物。为了能在早上吃燕麦粥，我特意发明了这道菜，因为燕麦粥能提供非常高质量的复合碳水化合物。

我午餐吃的那碗意大利面条，也是按照这样的思路做的。我会把它吃下去，当然，是真的吃下去。但我吃的不是精麦粉做的面条，我做的是全麦面条，或是我最喜欢的藜麦面条，我会炒点菠菜和新鲜的番茄，上面撒上蒜泥或香葱，最后再加点帕尔马干酪和柠檬汁。这样我不但吃到了我想吃的面条，还得到了菠菜、番茄、大蒜和柠檬汁的营养。

我喜欢这种感觉：在我吃下那碗味道鲜美的面条的同时，我吃下去的碳水化合物将给我的身体和大脑提供足够的营养。你也可以用自己爱吃的食物作为原料，创造出你想象中的非凡体验。

CHAPTER 7 | 糖不是营养物质

你喜欢吃甜食吗？如果你和大多数人一样，那就是喜欢了。其实，人类爱吃甜的食物，有生物学方面的原因：甜的东西没有毒。

老派人喜欢吃有甜味的食物，因为我们的祖先们早就明白，如果某种食物是甜的，那就证明是安全的，可以放心食用。有无甜味是一种植物能否食用的标志（许多对人类有毒性的食物都是苦味的）。此外，甜味还意味着，这种植物的葡萄糖含量很高，它能给我们提供大量能量。这是人类一种自然的反应，因为婴儿喜欢吃甜的食物。当父母想丰富一下婴儿的饮食时，一般来说，他们得把新的食物拿给小宝贝 10 次以上[10]，小宝贝才愿意接受它。但是如果新的食物是甜的，小宝贝只要尝一口，就立马接受了。有可能吃完后，还会想要更多！

是的，没错，人类喜爱有甜味的食物，这种喜爱是发自自然、不掺杂质的——在你说到杏子、樱桃、西瓜和哈密瓜时，就怀着这样的喜爱之情。水果中含有的果糖，是一种健康的糖分——如果你吃下的是整个水果（通常包括果皮）的话，你就吃下了水果中的纤维素、维生素和矿物质。但如果把糖分从甜味水果中提取出来，添加到其他的食物（比如面包和燕麦）中，你就无法得到任何营养。因为那样的糖分只是一种添加糖，除了空热量外，它什么都不能提供给你。

牙医讨厌糖，因为糖会腐蚀牙齿。医生告诫人们要小心糖，因为糖会引起肥胖。幼儿园老师害怕糖，因为糖会让孩子们过度兴奋。其实你该好好想想，你吃了多少糖？你该吃多少糖？我个人的观点：你应该和糖断绝关系，马上！

不过在我继续写下去之前，有件事要向你们坦白。说真的，让我将它公之于众可不是件小事，因为大多数人可不是那么想的。

白纸黑字，我现在已经无法收回我的话了。我只好说出来：我不喜欢吃糖。

我真的不喜欢。甜的东西不能让我吃了还想再吃。咸的、脂肪多的、油腻的东西，我会吃了还想吃。可是甜的东西，我真的不喜欢吃。

我终于说出来了，说出来的感觉真好。一直以来，当我客客气气地拒绝别人递给我的甜食时，大家都会用难以置信的眼神看着我：

"就连这么好吃的糖果也不吃？"

"不吃，真不好意思，我不喜欢吃糖果。"

"吃点覆盆子果酱吗？"

不了，谢谢，除非你把果酱涂在一块咸饼干上，或者撒在凝脂奶油上，或者你能把它变回覆盆子，那我就一把把地大嚼特嚼了。"连冰激凌也不吃吗？"他们会问我。好吧，被你逮住了——我的确喜欢吃冰激凌，但是只有在冰激凌中有可口的原料——比如咸焦糖时，我才喜欢吃。

现在你知道了我的秘密：我不喜欢甜食。而且，我越了解糖的危害，就越为自己不爱吃甜食感到幸运。

因为吃糖是一个坏习惯——我见过一些朋友深受其害，有的对甜食上瘾，有的罹患糖尿病，有的腰腹部多了 15 磅（约 6.8 千克）赘肉，他们总是说，很想摆脱这些赘肉。我越了解这些，就越觉得，我天生不爱吃糖，很有可能就是我的健康支柱。

现在你知道了：我不喜欢甜食。而且，我越了解糖的危害，就越为自己不爱吃甜食感到幸运。

糖，无处不在的糖

糖有许多种：水果和蔬菜中的糖分、咖啡屋中随处可见的小包方糖……这些糖可不是同一码事！我在下面列出了一些常见的糖，有的是天然存在的，有的是人工制成的（就是包装食品中的添加糖）：

葡萄糖：葡萄糖存在于你塞入嘴中的几乎一切食物中，包括水果、蔬菜、曲奇饼、蛋糕、糖果，等等。早餐你吃的燕麦粥中有糖，奶酪中也有糖的踪影。关于葡萄糖，我们已经做了不少讨论了，但是下文中我们还要继续讨论它。因为葡萄糖是食物中含量最广的糖类，而且，一切有机体都将葡萄糖作为能量的来源，包括我们人类。当你摄入复合碳水化合物后，你的身体就把那些天然的食物，转化成了你赖以生存的葡萄糖。

果糖：果糖是水果中的糖分。当你吃下既含有果糖，也富含纤维的水果时，你的身体就会吸收果糖，让果糖为你提供能量；而纤维能减慢食物消化的速度，避免果糖让你的系统负担过重。所以我吃水果，我一直都吃苹果。水果是大自然的能量传递系统——大自然将美好的甜味打包在一个能给我们提供营养的配方中，传递给我们。

蔗糖：绝大多数人会撒入咖啡中的那一小罐精细白糖，就是蔗糖。

红糖、蜂蜜、枫糖、糖浆中也含有蔗糖。蔗糖其实是葡萄糖和果糖的混合物。当你在食物中添加蔗糖时，你就给食物添加了甜味，甜味有可能会增强食物原来的味道，也可能会遮盖食物原来的味道。但你在增加甜味的同时，也增加了热量，加重了消化系统的负担。此外，研究还表明，在你摄入蔗糖时[11]，蔗糖会绕过那些提醒你已经吃饱的激素，也就是说，你会在不知不觉中过度饱食。

胰岛素和糖的关系

胰岛素是一种激素，它能帮助你的身体将葡萄糖输送到你的细胞中。随着你吃下食物，糖分进入你的血液中，你的胰腺分泌出胰岛素，它将血液中的葡萄糖输送到你的细胞中，从而调节你的血糖。在你吃下大量的糖后，为了产生大量的胰岛素，你的胰腺被迫进入超负荷的工作状态。如果你经常性地食糖过量，胰岛素就会持续处于高水平，这将会导致一种叫作"抗胰岛素性"的情况发生。一旦产生了抗胰岛素性，你的细胞就会对你体内存在的胰岛素减少响应度。其后果是，它们需要更多的胰岛素来吸收血液中的葡萄糖。于是你的胰腺一次又一次地分泌出更多的胰岛素。抗胰岛素性会让心脏病加重，它也是 2 型糖尿病的先兆。

糖是怎样形成的

纯白色的、颗粒状的、容易撒出的白糖来自两种植物：甘蔗或甜菜。天然的甘蔗——那种修长、厚硬的茎秆，你得花点工夫才能吃到口中——是很好吃的。当你削去甘蔗的硬皮后，你会发现，里面有一种你咬不下来的耐嚼的纤维，你能从这种纤维中吮吸出甘甜的汁水。甜菜外表类似白色的根状物，它生长在地下。

美国人和糖的虐恋

在过去的两百年间，美国人对糖可谓一往情深，结果却被害得很惨。食用添加糖让你的体重增加，让你的肚子中积累更多的脂肪。添加糖悄悄绕过你的天然激素系统，让你不知道自己已经吃饱，引诱你过度饱食。它欺骗你的大脑，让你的大脑以为你还饿着，还需要吃下更多东西。它引你走向肥胖、心脏病和糖尿病。

下面这些数字触目惊心！[12]

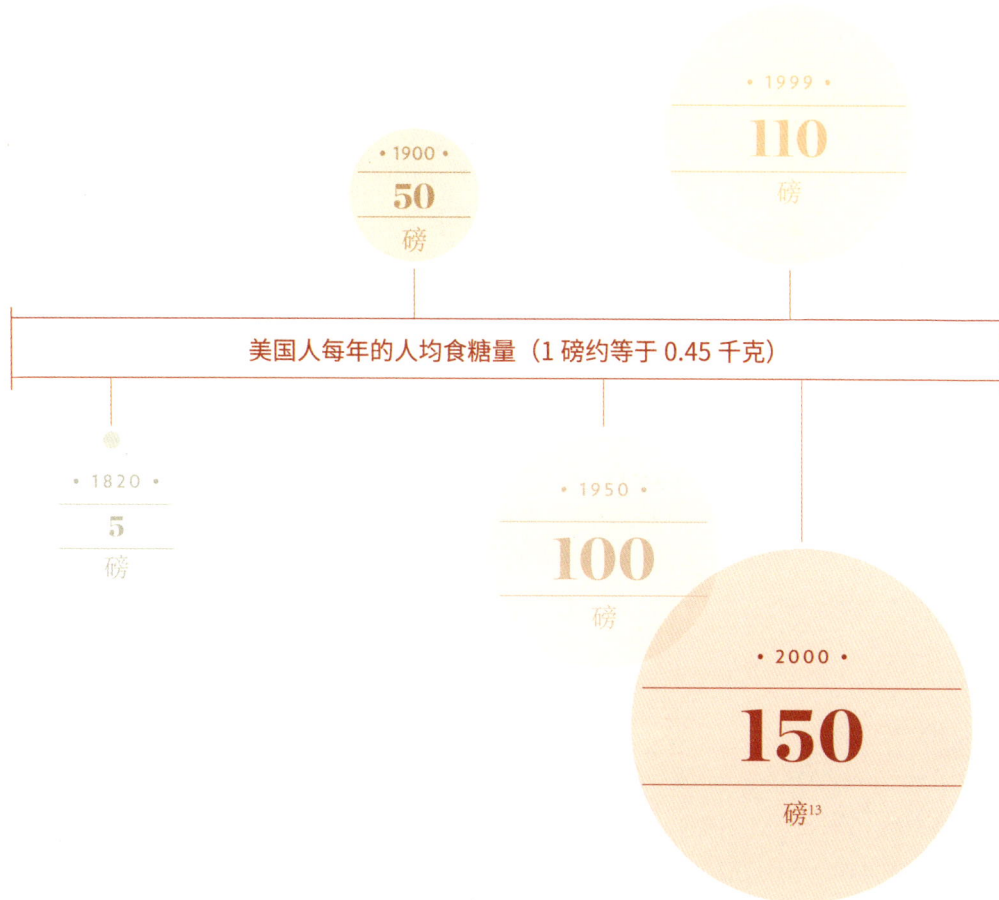

• 1999 •

110

磅

• 1900 •

50

磅

美国人每年的人均食糖量（1 磅约等于 0.45 千克）

• 1820 •

5

磅

• 1950 •

100

磅

• 2000 •

150

磅[13]

这两种植物和餐桌上的白糖还相去甚远。白糖是将它们经过一轮接着一轮的加工后，形成的最终成品。先将从植物中榨取的汁水煮成糖浆，糖浆经过蒸发后形成了结晶体，将结晶体放在离心机中旋转，榨出其中的水分，留下颜色更浅的结晶。然后将这个过程重复两次：煮沸、蒸发、结晶、旋转。糖蜜——一种用于烹饪和烘焙的、颜色极深的、浓稠的、甜蜜的糖浆——就是将蔗糖汁煮沸、结晶后形成的，或者将甜菜放在离心机中旋转后形成的。粗糖（分离砂糖）的加工程序比精绵白糖少一轮次，因此它还保留了一点糖蜜的颜色。但它并非完全天然，因为粗糖也至少经过了两轮的煮沸、结晶和旋转！[14]

其实并不甜蜜

我们都见过咖啡店那些颜色花哨的糖包，那些并非真正的糖，尽管看上去酷似真糖。如果你想戒除吃糖的习惯，可别一不小心又坠入了新的坏习惯中：用这些没有营养的甜味剂代替真正的糖。你可千万别这样做。一些没有营养的甜味剂、人工甜味剂和低卡路里的甜味剂常常被添加到无糖汽水、低脂酸奶、无糖糖果等食品中，它们在不增加食物热量的同时，增添了食物的甜味。

我想说，别吃这些东西。训练你的味蕾，让它们学会欣赏天然水果中的那种清甜，这样能让你的身体保持健康，并且让你享受到食物的原汁原味。此外，这些甜味剂无法否认它们自己的真实身份：它们是人工甜味剂，它们是鱼目混珠的假冒品，因为它们包含大量的化学成分。也许这些化学成分很久之前也来源于自然界，但它们早已脱离了自然。如果你真的想吃甜的东西，觉得水果不能满足你，那么我宁可看到你食用精绵白糖，而不是这些人造的仿冒产品。

炎症有多危险

或许你听别人谈论过，炎症对你的长期健康有多危险。其实炎症有两种——一种对你的身体有益，另一种才是害人的、危险的。当你割破皮肤或咽喉疼痛时，急性炎症就产生了——肌肤红肿就是急性炎症的一种表现，这是你的免疫系统做出反应并保护你，这样的反应能够拯救你的生命。你的免疫系统就像是你身体中的警卫队，当它感觉到入侵者的存在时，就会派遣出一支白血球军队，前往被侵犯的领地，奋勇杀敌，保护你不被侵害。这种保护性的炎症反应能够保证你的小刀伤不会演变成受感染的伤口。

另一种炎症是慢性炎症，许多医生都认为，慢性炎症创造了一种让许多疾病——包括肥胖症、糖尿病、心脏病这些我们一直在谈论的疾病，还有抑郁症、癌症——能够迅猛发展的环境。慢性炎症和食用加工食品、添加糖、缺乏体育锻炼有关。

经常性的、强度中等的体育活动能够增强你的免疫系统，保护你不受感冒和其他疾病的困扰。密集性的体育活动有时会激起一种导致慢性炎症的免疫反应（我们将在第 20 章中深入探讨）。你该如何保护自己、不让慢性炎症上身呢？

· **从沙发上站起来**。研究发现，久坐不动——尤其是女性——会让一些标志感染的生物标记物（一些分子，它们的存在说明你很有可能罹患疾病）增多。[15]

· **多吃水果和蔬菜**。特别是那些富含维生素 C 和 β- 胡萝卜素的蔬果。这些富含抗氧化剂的营养物质，能够帮你的身体将应激反应降到最低。

· **增加 Omega-3 脂肪酸的摄入量**。每周吃几次鱼。在你的早餐燕麦片中加上几颗核桃仁、午餐的沙拉中放上几片鳄梨。

· **保持充足的睡眠**。缺乏睡眠会导致更多的炎症。每晚争取睡足 7 到 9 个小时。

· **避免多余的体重**，尤其是腹部的赘肉。和人体内的其他脂肪相比，腹部的赘肉和过量的炎症更有关联。

· **在压力较大时，调整锻炼计划**。高强度、长时间的锻炼有可能会起到反作用，导致运动过度，其特征就是发生大量炎症。中等强度的锻炼，比如骑一小时自行车，会好得多，能真正帮你控制炎症。

· **保持乐观的心态**。减压对预防炎症也很重要。

别对高果糖玉米糖浆掉以轻心

现在我们知道了加工糖的危害，再来聊一聊高果糖玉米糖浆。它来自玉米。玉米——你很可能知道——是甜的，但不是特别甜。那么玉米是如何变成了这种黏糊糊的东西——这种过去数十年间，加工商一直在卖力向我们推销的东西？

让我们从 20 世纪 70 年代说起，那时，食品加工商希望在制作加工食品和饮料时，能够节省一点原料成本。既然美国种植了大量玉米，那么用玉米作为糖分的来源，就很有经济价值。于是食品制造商就发明了高果糖玉米糖浆，一种含有类固醇的玉米糖浆。

在过去 30 年间，高果糖玉米糖浆的产量和食用量急剧增长，这种情况引起了媒体的广泛关注。因为人们注意到，高果糖玉米糖浆的急剧增多和美国肥胖人群的快速增长是同步发生的。我的观点是，你要记住，如果长期食用添加糖——包括食糖（蔗糖）、高果糖玉米糖浆、枫糖和蜂蜜在内的一切添加糖，都将对你的身体造成损害。

阅读食品标签

如果你想远离添加糖，不想被添加糖牵着鼻子走，你得学会查看食品标签上的"营养成分"栏。你会看到上面列出了"总含糖量"，不过如果这种食品中包含了添加糖，那么光看"总含糖量"还不够，其原因在于："总含糖量"将食品中包含的一切糖类物质计算在内。因此，如果这种食品中不包含来自水果或牛奶的天然糖分，那么食品标签上列出的"总含糖量"就是添加糖的总含量。但如果你看的是水果制品或奶制品的标签——比如苹果汁或酸奶的标签，那么"营养成分"栏中所标出的，就是天然糖和添加糖的总含量。

要注意的是，食品制造商常常试图通过标注出形形色色的糖，隐瞒食品的真正含糖量。他们想掩盖一个事实：那些东西的主要成分其实就是糖，它们是糖的变体。

以下是糖的几种变体，看到它们你该多加小心：[16]

龙舌兰蜜	浓缩甘蔗汁	麦芽糖
红糖	果糖	麦芽糖浆
甘蔗结晶	浓缩果汁	糖蜜
甘蔗糖	葡萄糖	粗糖
玉米甜味剂	高果糖玉米糖浆	蔗糖
玉米糖浆	蜂蜜	糖浆
结晶果糖	转化糖	乳糖
右旋糖		

添加糖是如何积少成多的

　　选择一些听上去很健康的食物，比如沙拉、水果和酸奶，通常是个好主意。但你得知道，这些食物其实并没有那么健康。添加糖能把一些天然健康的食品，变得不再天然健康。举例来说，天然的纯酸奶含有 17 克糖，这并无大碍，因为酸奶中的糖来自天然的乳糖。但如果你喝的是添加了水果的酸奶，那么其中往往含有添加糖，并且含糖量有可能高达 47 克——其中有 30 克是添加糖。如果你喝纯酸奶，再吃一把蓝莓，那么你不但品尝了水果和酸奶，还能享受到不含添加糖的自然甘甜美味——这是多么好的事啊！下面我再举几个添加糖如何积少成多的例子。

食物品名	所含天然物质的含糖量	放入添加糖后的含糖量
沙拉酱（1 汤匙）	油和醋 0.5 克	千岛酱 2.5 克
酸奶（1 杯）	纯酸奶 17 克	水果酸奶 47 克
饮料（1 杯）	淡水 0 克	佳得乐 13 克
速溶燕麦片（1 包）	纯燕麦 0.5 克	醇香提子燕麦片 15 克
花生酱（2 汤匙）	天然花生 2 克	四季宝花生酱 4 克

如何避免添加糖

我相信，只要有心为之，我们就一定能够避免自己摄入添加糖。除非我们为了满足口舌之欲，而选择沉湎于那些令人堕落的甜食。以下几条可以帮助你战胜爱吃甜食的坏习惯：

·**少放一点儿糖**。别再大把大把地把糖撒在你食用或烹饪的食物上了，比如麦片、燕麦、咖啡和茶中。

·**别喝加糖的饮料**。别喝就好！一瓶550毫升的运动饮料或加糖饮料中含有大约7茶匙的添加糖。

·**自己学会调味**。学会使用肉桂皮、肉蔻、香草、小肉蔻这些香料和调料，来增加食物的甜味和口感，这样你就不需要放糖了。将一个苹果切片，并撒上小肉蔻，它的美味将让你惊讶。

·**选择水果而非糖果**。你有没有注意到，大多数糖果都被设计成了水果的颜色、水果的味道？大体上说，糖果就是假冒的水果，糖果希望自己能变成水果，所以竭尽全力让自己闻上去、吃起来像水果。我是认真的：当季的橙子就像糖果一样甜，而且比棒棒糖更有橙子的味道，因为它本来就是橙子。

·**小心鱼目混珠**。要警惕那些通常含有添加糖的坏家伙。也许它们吃上去并不甜，但这并不意味着它们没有添加玉米糖浆和其他添加糖，比如下面这些食品：

番茄酱	麦片	烤肉调味酱
椒盐卷饼	高蛋白恢复棒	酸奶
传统的果仁奶油	运动饮料	沙拉酱
谷物棒	速溶燕麦片	格兰诺拉麦片
意大利面酱		

我喜欢吃水果，但我永远不会在绿茶中添上哪怕一匙白糖、红糖或龙舌兰蜜。没错，我喜欢绿茶的原味，但更重要的是，这一匙糖并没有表面看上去那么无害。

如果没有纤维减缓消化的过程，糖就会一下涌入血液中。你的身体对此做出的反应是：分泌胰岛素，帮助细胞吸收葡萄糖，以用作能量。当你吃下一堆糖果后，你能感觉到这一细胞活动的过程——然后你就会觉得精力衰退，你就会犯困想睡觉，并且你的情绪将产生波动，你将怀疑自己的人生经历。此外，你会胃痛，让你对刚才的暴饮暴食后悔不已。

摄入多少糖会过量呢？不同的饮食方案给出了不同的答案。美国心脏协会建议，女性每日摄入的添加糖，不应超过 6 茶匙。要知道：一瓶 600 毫升的碳酸饮料中，就含有将近 12 茶匙的糖。

你问我有什么对策，每过一段时间，我会和朋友们一起享用甜食。但在平时的每一天，水果就是我唯一的甜点。

CHAPTER 8 | # 蛋白质就是力量

蛋白质和植物

植物也需要蛋白质。植物必须从土壤中吸收氮，才能合成蛋白质（尽管空气中有80%是氮气，但植物无法直接吸收空气中的氮气）。蛋白质对植物非常重要，部分原因是：蛋白质能给植物的茎秆提供支撑，这样植物才能向着阳光生长[17]，并获得它们所需的葡萄糖。

说起蛋白质，我就想起了烤肉、古巴大餐，还有我最喜欢的小吃——藜麦、小扁豆和糙米。我喜欢在晚饭时吃上一只美味的烤鸡，或者早餐时吃也行！至于午餐，来一条清淡、鲜美的烤鱼或许不错……我也爱在炉子上炖一锅黑豆，黑豆用来做玉米卷饼口感绝佳，黑豆配上糙米吃味道也不错。事实上，我喜欢吃各种豆子，当然也包括各种颜色的扁豆——任何人只要来过我家就知道这个。还有，所有来我家吃过早餐的朋友都知道，我一定为他们准备了鸡蛋——炒鸡蛋、荷包蛋、单面煎蛋、菜肉馅煎蛋饼……各式各样的鸡蛋，只要你能想得出。总之我一定会给客人上鸡蛋！

"蛋白质"这个词的词源意义是"头等重要"——所以蛋白质当然对我们的身体很重要。蛋白质是由氨基酸组成的，氨基酸和蛋白质对我们的身体至关重要，因此人们常常把它们称为"生命的基石"。

了解氨基酸

当你摄入蛋白质后，你的身体会将蛋白质分解成最小的组件——氨基酸。氨基酸是一些分子，它能创建并修复你体内的所有细胞，包括你的 DNA。在究竟存在多少种氨基酸这个问题上，科学家们莫衷一是，但他们普遍认为，大约有 20 种氨基酸联合形成了蛋白质。作为一名成年女性，你的身体能够生成其中的将近 2/3，非常不错了，但不幸的是，2/3 还远远不够。有 8 种人体必需的氨基酸，我们必须从营养物质中获得。你的身体每天都需要获得这 8 种氨基酸，才能让你保持健康。

我们先前已经讨论过，在你摄入碳水化合物和脂肪时，你的身体能够将多余的碳水化合物和脂肪储存起来，以备日后使用（无论你喜不喜欢）。蛋白质可不是那么回事儿，蛋白质无法在人体中存储。因此摄入蛋白质的最佳方法，并不是在一天的最后坐下来，像野人一样吃上一大块肉，而是在全天中均匀地摄入少量的氨基酸。这样，氨基酸能随时供你的身体使用。[18]

多少蛋白质才够

人们谈起营养问题时，几乎每个人都在说，要得到足够的蛋白质。那么究竟多少才足够呢？

大体上，你每日摄入的热量中，应该有 35% 左右来自蛋白质，这意味着：在你早餐、午餐和晚餐的餐盘中，应该有 1/3 的成分是优质的蛋白质。儿童、青少年和孕妇需要的量更多，因为蛋白质能促进生长发育。对我们其余人来说，摄入充足的蛋白质，能够保证我们形成并保有：我们的肌肉和骨骼、维持健康所需的免疫抗体、影响我们情绪的激素、消化吸收必需的酶类物质。如果没有蛋白质，你就无法和别人约会进餐、坠入爱河、用你的手臂钩住他的脖子，甚至无法在你们亲吻时，感到自己的心在怦怦直跳！

具体到个人，我们每人所需的蛋白质会略有不同，因为人体对蛋白

关于补充剂的内部消息

或许对于那些希望能迅速形成肌肉、修复肌肉的运动员来说，蛋白质补充剂是挺时髦的。但大多数健康人群——哪怕是素食主义者——都不需要补充蛋白质。凯瑟琳·伍尔夫是纽约大学斯坦哈特营养学院的教授，她建议女性全天候均匀地摄入蛋白质。"如果你摄入了多种富含蛋白质的食物，你就不太可能再需要额外补充蛋白质了。"她说。

质的需求量，取决于我们的体重和我们所从事的活动。毕竟，并不存在一个放之四海而皆准的公式，因为每个人的体重和细胞数量都是不同的。而且，如果你特别活跃、喜欢运动——比如你正为参加马拉松比赛而进行训练——那么你的身体就在不断地生成并修复肌肉，因此你当然比那些每周只跑几次步、每次跑三公里的人，需要更多的蛋白质。

总的来说，你的运动量越大、你进行的力量训练越多、你的体重越重，你需要的蛋白质就越多，这样才能保持你的体形，并让你的身体得到修复。

下面的表格将告诉你，根据你的运动量和体重，你该摄入多少蛋白质：

如果你的运动量较小

如果你的健身习惯是：每周跑步 2 次、每次跑 30 分钟，再加上练瑜伽 1 个小时、举重半小时，也就是说，你每周的运动量是 2.5 小时，那么你属于运动量较小的一类。无论你是每周运动 5 次每次 30 分钟，还是每周运动 3 次每次 50 分钟，只要你每周的锻炼时间在两个半小时左右，你就属于这一类。[19]

你的体重（1 磅约等于 0.45 千克）	你每日的蛋白质需求量
100 磅	36 克
115 磅	42 克
130 磅	47 克
145 磅	53 克
160 磅	58 克
175 磅	64 克

如果你的运动量较大

　　运动量较大是指：你每周锻炼的时间在 5 个小时左右，可以是每周运动 5 次每次 1 个小时，或每周运动 6 次每次 50 分钟。你得记住：如果你的运动强度更大，你的力量训练更多，你就需要从你的膳食中获取更多的蛋白质。

　　以下的数据并非一成不变。如果你接受的是正规训练，你可以和你的教练、医生聊聊，确定你需要摄入多少蛋白质。

你的体重（1 磅约等于 0.45 千克）	你每日的蛋白质需求量
100 磅	55～57 克
115 磅	63～89 克
130 磅	71～100 克
145 磅	79～112 克
160 磅	87～124 克
175 磅	95～135 克

将数字转化到膳食中

　　如果你的运动量较小、你的体重为 130 磅（约 59 千克），那么根据上图，你每天大约需要摄入 47 克蛋白质。

　　应该这样处理这个数字：先将它除以 3。由于你摄入的蛋白质应该均匀分布在一天中，你每餐大约需要摄入 15 克蛋白质。看看下面的例子，也许你可以这样安排一天的膳食，来满足你的蛋白质需求。

早餐: 如果你早餐吃两个鸡蛋的蛋白和一个蛋黄、半盎司（约14克）磨碎的乳酪，就差不多获得15克蛋白质了。

午餐: 如果你的午餐是一份沙拉，其中包含: 半杯鹰嘴豆、半杯糙米、羽衣甘蓝、番茄、黄瓜、荷兰芹和柠檬汁，你就差不多得到了11克蛋白质。

点心: 午餐后几个小时，吃一把杏仁，这样就增加了7克蛋白质。也就是说，到下午3时左右，你已摄入了33克蛋白质。

晚餐: 在你的盘子里装上2盎司（约57克）鲑鱼、一份菠菜扁豆沙拉，就达到47克蛋白质了。

如果我想知道我到底将获得多少蛋白质，我会查看食品上的标签，或者上网查询我所摄入食物的蛋白质含量。但老实说，如果你有意识地、经常性地摄入蛋白质，那么过一段时间之后，你无须多想，就会自然而然地知道，你每餐摄入的蛋白质是否适量。

获取你所需的蛋白质！

你很幸运，许多食物中都包含蛋白质，将这些食物纳入你的一日三餐和点心中，并不是什么困难的事。下表列出了常见蛋白质来源中的蛋白质含量。你将很快发现，让含有蛋白质的健康食物伴随你的每一天，是多么轻而易举的事情。

食物品名	食用分量	所含蛋白质
火鸡胸肉	3盎司（约85克）	26克
三文鱼	3盎司	22克
不带皮的鸡肉	3盎司	21克

绞碎的牛肉	3 盎司	21 克
金枪鱼	3 盎司	20 克
低脂白干酪	1/2 杯	13 克
冷冻青豆	1 杯	12 克
希腊酸奶	2/3 杯	11 克
不含肉类的蔬菜 或大豆汉堡	1 块（70 克）	11 克
豆腐	1/2 杯	10 克
熟扁豆	1/2 杯	9 克
生杏仁	1/4 杯	7 克
低脂（1%）牛奶	1 杯	8 克
花生酱	2 汤匙	8 克
奶酪（切达干酪、科尔比干酪、布里干酪、蓝纹干酪、蒙特利杰克乳酪、瑞士奶酪）	1 盎司（约 28 克）	7 克
熟意粉	1 杯	7 克
熟黑豆	1/2 杯	7 克
蛋	1 个大的	6 克
法兰克福牛肉香肠	1 根	6 克
熟藜麦	1/2 杯	4 克
熟西蓝花	1/2 杯	3 克
煮熟的白米或糙米	1/2 杯	3 克
煮熟的粗麦粉	1/2 杯	3 克
全麦面包	1 片（1 盎司）	3 克
熟燕麦	1/2 杯	3 克

完善你的蛋白质

我们说的完善蛋白质，是指储备足够的氨基酸，这样你的身体就能将这些氨基酸用在任何需要的地方。你能从动物源的食物和植物源的食物中得到蛋白质。你所摄入的一切蛋白质，无论来自何处，都将被分解成氨基酸。你的身体将利用这些氨基酸来形成肌肉、生成酶类物质或激素。但这些过程需要很多不同种类的氨基酸，如果缺少了其中任何一种，整个运作过程就瘫痪了。如果你摄入了完善的蛋白质，就为你的身体提供了它需要的所有氨基酸。

动物蛋白非常棒，因为它们是完善蛋白质的来源，包括瘦红肉、禽类、鱼、牛奶和奶酪。植物也是很好的蛋白质来源，因为它们本身含有氨基酸，但不同的植物所含有的氨基酸集群不同。如果你把植物正确地搭配在一起，就能组合形成完善蛋白质。比如，将豆子或其他蔬菜搭配谷类（比如藜麦或糙米），就是完善蛋白质的来源。下表中列出了更多完善的植物蛋白的样本。

一份全球氨基酸自助餐

数百年来，在美国和世界各地的饮食文化中，植物蛋白和谷类都被搭配成了鲜美的食物，或许这就叫对营养的直觉……这些简单的组合，能让植物蛋白发挥最大的功效。

- **玉米卷饼**：将玉米饼和大豆搭配在一起的一种墨西哥食物。
- **豆子煮玉米**：土著印第安人将玉米和豆子组合在一起。
- **寿司**：日本人将米饭和大豆搭配在一起。
- **花生汤**：西非饮食文化中把大米饭和花生搭配在一起。
- **法式红豆米饭**：红豆米饭是新奥尔良餐馆的周一特色菜。
- **达尔**：一种印度食物，铺在米饭上的扁豆。
- **香汁莲子豆**：印度菜，和米饭一起食用的鹰嘴豆。
- **叙利亚炖汤**：含有扁豆和米饭。
- **红豆饭**：哥斯达黎加的早餐开胃菜，含有米饭和豆子。

鸡蛋是我个人最喜欢的蛋白质来源。

很多人担心自己吃下了太多鸡蛋，因为他们听说，鸡蛋中的胆固醇很高。好吧，可事实是：蛋白是纯粹的蛋白质。蛋黄中含有脂肪（和一些胆固醇）以及一切营养物质。我的意思是，你可以想象一下：鸡蛋怎么会变成小鸡呢？多亏了蛋黄中的营养物质，一个细胞才变成了一只小鸡。只要你的医生没有因为你的胆固醇太高了而建议你别再吃鸡蛋，就别害怕这平价又易得的蛋白质！如果你原本就吃鸡蛋，记得吃下一些蛋白，这样你就不会摄入太多的蛋黄了。

在我想吃煎蛋卷时，我会在每三个鸡蛋中放入一个蛋黄。这样，我既能享受到蛋黄的美味，又能得到其中的营养，还能获得额外的蛋白质。可以再加上一点羽衣甘蓝和帕尔马干酪，配上藜麦……真美味！这就是一份富含蛋白质的完美午餐或晚餐。

蛋白质能量包

我喜欢富含蛋白质的食物，因为它们风味绝佳、味道鲜美；因为蛋白质能帮助我的身体完成许多事情。我每次做举重、屈体和俯卧撑练习，我每次去接侄女，我每次把箱子提上楼，或者帮别人提沉重的包裹，靠的都是蛋白质。我在一天之中摄入的蛋白质，给我的身体提供了宝贵的资源，我的身体需要这些资源来照顾好我的骨骼和肌肉，并给我提供支持，这样我才能支持自己并支持我周围的人。

我希望自己尽可能地强壮、尽可能地健康、尽可能地能干。因为能干是我最渴望得到的。我确保自己每天摄入各种不同来源的蛋白质，包括早餐中的蛋黄、午餐中的糙米和豆子、晚餐中我最爱的全麦藜麦，还有鸡肉或鱼。因为蛋白质中包含着能让我的身体生长并得到修复的成分。蛋白质滋养着我的身体。

蛋白质是我力量的源泉。

CHAPTER 9 脂肪必不可少

啊，脂肪！我和别人一样喜欢脂肪，说不定比别人更喜欢。美味的、可心的、滋养我的、让我饱足的脂肪！脂肪给我们带来了那么多的快乐，脂肪让一日三餐变得那么柔滑和肥美。世界上有许多种对我们有益的脂肪，这对我们而言真是个好消息！事实上，鉴于脂肪对我们如此大有裨益，在我们摄入的总热量中，脂肪应该占20%～35%的比例。

我指的是人体必需的脂肪酸，亲爱的。脂肪酸让我们的头发和皮肤丰盈亮泽，脂肪酸支持我们多种脏器的各种功能（尤其是大脑和肝脏的功能）。脂肪酸也是我们从植物中吸取的维生素和矿物质的护航者，如果没有脂肪酸那绅士般的伴随，部分维生素和矿物质就对我们的细胞毫无用处了。这些人体必需的脂肪酸，对我们的身体健康至关重要。

当然，也有一些脂肪，对我们不是那么有益，包括来自动物蛋白源和动物产品（比如牛奶）中的脂肪，还有反式脂肪这样让人闻之色变的脂肪。反式脂肪是一种用化学方法加工出来的脂肪，是食品行业为了延长食品的保质期而发明出来的东西（稍后我们将进行更详细的讨论）。但现在，让我们把焦点放在那些我们钟爱的脂肪上。别忘了，适量的脂肪是你的饮食中必不可少的！它会为你提供能量。它会为你提供一些重要的营养物质，比如维生素 A、维生素 D 和维生素 E。

哇，脂肪！

重新和脂肪做朋友

自从 20 世纪 80 年代后，脂肪一直背负着坏名声。如果你现在 20 多岁，那就是说，在你的性格形成期，在你正在吸收关于健康和营养的知识并了解你该如何选择食物时，你周围的世界给脂肪安上了干草叉和尾巴，将它打扮成了一个执意要毁灭你的魔鬼（至少这个魔鬼会害你穿不了紧身牛仔裤）。这样把脂肪妖魔化不但误人子弟，还会导致一个让人意想不到的后果：让那些真正不良的、肥腻的脂肪（比如奶酪蛋糕、冰激凌或芝士薯条）变得格外有诱惑力——这些东西你就算再想吃，也绝对不能碰。

所以，让我们先来澄清一下，到底什么是脂肪，平息关于脂肪的争议。首先，我要告诉你关于脂肪的五个铁一般的事实，以及为什么脂肪对你有益。

·脂肪能增添食物的风味和质地，让你的盘子尖叫。

·脂肪保护你的皮肤，避免皮肤变得干燥和起鳞屑。

·脂肪帮助你的身体吸收维生素。

· 脂肪为你全天候提供养料。

· 脂肪能强化你的脑力。

关于脂肪，你必须记住关键的两点是：第一，你必须选对所摄入脂肪的种类；第二，你必须了解，你吃下了多少脂肪。在脂肪摄入量这个问题上，节制才是王道。当你摄入的脂肪比推荐的多时，你罹患心脏病和肥胖症的风险将会增加。因为和蛋白质、碳水化合物相比，脂肪更为能量密集，一点点脂肪就能大显身手。所以就像生活中其他的东西一样，即使再好，如果拥有的太多了，那就过犹不及。

我们喜欢的脂肪

谈到选择脂肪，你应该选择不饱和脂肪。不饱和脂肪在室温下呈液态，和其他营养物质一样，你的身体需要这些脂肪，而且你的身体无法创造它们。因此必须从你吃下去的食物中得到它们，这点非常关键！

不饱和脂肪有两类：多元不饱和脂肪和单一不饱和脂肪。多元不饱和脂肪主要存在于植物油中（比如红花籽油、芝麻油、大豆油、玉米油和葵花子油）和坚果、种子中。这类脂肪对人体有许多好处，从保护你的肌肉到帮助血液凝固不一而足。[20]

单一不饱和脂肪能在橄榄油、芥花油、花生油、鳄梨和坚果等食物中找到。这类脂肪对你的血胆固醇水平、胰岛素和血糖调节大有裨益。[21]

你或许听说过 Omega-3 脂肪酸，这是一种人体必需的脂肪酸。Omega-3 脂肪酸属于不饱和脂肪酸，通常能在深海多脂鱼类（比如三文鱼、金枪鱼和马鲛鱼）和几种植物性食物中找到它们（参见下面的表格）。你可以相信那些铺天盖地的大肆宣传：没错，它们是超级明星！它们能保护你远离心脏病和老年痴呆症，大幅提升你的脑力……在你能选择的脂肪中，Omega-3 脂肪酸的确是为数不多的最佳选择之一！

给素食主义者的 Omega-3

Omega-3 族脂肪酸包含三种脂肪酸：ALA（亚油酸）、EPA（二十碳五烯酸）和 DHA（二十二碳六烯酸）。

·脂类鱼和鱼油产品包含 EPA 和 DHA，但这些食物，可能不适合严格素食主义者或蛋奶素食主义者食用。

·含有 Omega-3 的植物性食物包括碾碎的亚麻籽、核桃仁、大豆、大豆油、芥花油和海藻。

和那些必需氨基酸一样，人体无法合成这些必需脂肪酸，但没有它们我们无法生存，因此我们必须从食物中摄取它们。

我们应该限制的脂肪

在我们选择摄入的脂肪时，我们应该限制饱和脂肪、反式脂肪和胆固醇的摄入。这类脂肪威胁着动脉的健康。它们通常能在速食食品、加工食品和奶制品中找到，比如黄油、奶酪、牛奶、肉类产品、椰子油、棕榈仁油（存在于许多加工甜食中）。饱和脂肪大约有 24 种，但并非其中每一种都对你的身体有害。比如说，椰子油中含有饱和脂肪，但它也能提升你体内"良性的"胆固醇水平和甲状腺功能。[22]

如果说我也有对饱和脂肪欲罢不能的时候，那通常是我在享用古巴猪肉或真正味美的汉堡时。但我不是每天都那样吃的。那么速食汉堡包这种东西呢？好吧，我偶尔也会嘴馋得忍不住，向美味屈服让步。我会要最小个的汉堡包、最小份的炸薯条，享受片刻的美味。但我总会在之后的 30 分钟内明白过来：我得好好照顾照顾我那可怜的肠胃，为了让嘴巴舒服舒服、怀旧一下，我的肠胃得吃苦受罪了。但这并不是我经常干的事。如果我想吃汉堡包，我会选择自己做，或去餐馆，或去汉堡包连锁店，这些地方的汉堡包，一般是采用新鲜原料做成的。优质的新鲜肉类和奶酪，还是能给你的身体提供一些营养的，但是速食食品只能给你空热量。

说到天然和人工，反式脂肪中没有任何天然成分。反式脂肪就是人造脂肪，对人体毫无好处。一切的天然食品过了一定时间都会腐败变质，所以食品制造商想出了一种办法，他们发明了一种能够让食品连续一个月保持"新鲜"的脂肪。大体来说，他们在植物油中添加氢分子，创造了这种耐储存的脂肪。人造奶油和植物起酥油中含有反式脂肪，在一大堆速食食品和加工食品中，尤其是在便利店和加油站的食物（薯条、蛋糕、曲奇饼干等）中，都广泛使用这两种成分。反式脂肪没有任何可取之处，再少量的反式脂肪都是不可接受的。

使用油脂烹饪

我在家炒蔬菜、烤鸡肉时，会用橄榄油烹饪。我还会把橄榄油淋在鳄梨和帕尔马干酪上。在我煎炸食品时，我爱用葡萄籽油。你该用什么油烹饪呢？这要看你的口味和油的冒烟点。

油有低、中、高三种冒烟点。冒烟点是油开始冒烟的最低温度。冒烟点告诉我们的是，一种油的受热能力。冒烟点低的油不能抵抗高温，因此最适合用于冷盘和调料中。中等冒烟点的油用于日常灶台上的烹饪和烘烤非常理想。冒烟点高的油能够承受非常高的温度——所以你真的可以开大火候，用它们来炸、烤鱼肉或猪排。

低沸点的油类

最适合用于：沙拉调味汁、腌泡汁、蘸酱汁

·**核桃油**：有利于心脏健康，滴在蔬菜上或用于调配沙拉，芳香浓郁，美味可口。

·**亚麻油**：类似核桃油，用于沙拉调味汁中或鲜果奶昔中，是Omega-3 脂肪酸的一大来源。

·**特纯橄榄油**：采摘橄榄后快速加工制成，非常可口，用在蘸酱汁中非常不错。

中沸点的油类

最适合用于：煸炒、做酱汁、快炒、烘焙

·**橄榄油**：它是我一贯的选择——烹饪蛋白质或蔬菜非常完美。

·**芥花油**：万能多用，单一不饱和脂肪的极佳来源；味道清淡，适合烘焙，也能涂在自家后院烧烤的食物上。

·**椰子油**：赋予食物怡人、淡雅的椰香；适用于咖喱菜肴和嫩煎豆腐中。

·**芝麻油**：有一种鲜美的果仁味，能给亚系菜肴增添不少风味。

高沸点的油类

最适合用于：烤、烘焙、煎炸

·**红花籽油**：维生素 E 很好的来源，味道温和；适合从咖喱菜肴到烤炉烘焙的一切烹饪中。

·葵花油：含有丰富的维生素 A、维生素 D、维生素 E；用于煎炸不错。

·花生油：含有单一不饱和脂肪酸和必需脂肪酸，为食物增添花生的风味；也是煎炸的最佳选择之一。

做出明智的选择

你可以把脂肪想象成一群参加派对的人。有的人人品很好，值得你花时间交往；有的人却是人渣。你的任务是区分他们的优劣。与之类似，有的脂肪——饱和脂肪和反式脂肪——就像那些充满诱惑却有终极破坏性的家伙，你不会想和那种渣男约会；有的脂肪就像那个本性善良的邻家大男孩，你的闺密们一直希望，有朝一日你会爱上他。

所以，橄榄油，正确的选择！我希望能和你相处更久。人造黄油，错误的选择，我担心周五晚上要忙着洗头（没空见你）。既然有那么多有益心脏的脂肪供你尝试，你一定能找到既味美可口，又富含维生素和矿物质，可以倒入、搅拌或滴入菜肴中的那一种油脂。

CHAPTER 10 | 吸取群星的精华

当我在铁锅中倒上橄榄油，烹饪我的富含蛋白质的鸡蛋，并配上一片含有健康脂肪的鳄梨，再佐以一些富含复合碳水化合物的黑麦谷粒面包，并且吃下一只亮晶晶、多汁水的橙子中的所有营养物质时，我就吃到了一顿鲜美的早餐。

在这个过程中，我也摄入了全套的维生素和矿物质，包括鸡蛋从铁锅中吸收的微量铁质。此外，我吃下的鸡蛋中也含有它们自己的铁质以及钙和镁；那片鳄梨中含有钾、磷、锌以及一些维生素。

因为当你食用植物和动物（动物以植物为食）时，你不但吸收了太阳的能量，也吸取了群星的精华。那些由植物从土壤中吸收、再被动物和人吃下肚中的钙、镁和锌，和你能在天上群星中发现的钙、镁和锌一模一样；天上的群星之中，和地上的人类体内，含有同样的矿物质（人体中有 4% 的矿物质）。

由于人类的大多数食物是有生命的，或者不久之前是有生命的，所以大多数营养物质，比如维生素，都是有机的。而矿物质是没有生命的。为了将矿物质和那些更为复杂的、构成生命体的含碳有机物区分开来，人们把矿物质称为无机物。正如你即将发现的，如果适量摄入，所有这些维生素和矿物质，对我们的身体健康都是绝对必需的。维生素和矿物质非常敬业：每天，随着你吃下苹果、香蕉、菠萝，维生素保护着你，让你不受一波又一波你可能闻所未闻的疾病的侵扰。

如果不吸收群星的精华，会有什么后果

历史上曾经有这样一个教训：100 年前，一种未知的疫病，在美国南方地区肆虐。人们把这种疾病称作糙皮病。患者的皮肤肌理发生了改变，皮肤变厚，变得非常奇异。他们失去了自制力，很多病人都死去了。

到 1914 年，患者达到了 10 万人之多。但是没人知道这到底是怎么回事！当时大家猜测，这是一种传染病，但医生拿不出什么证据来证明这一猜测，直到一个叫约瑟夫·戈德伯格的人插手调查这种疾病。他前往美国南部地区，开始询问糙皮病患者一些问题，并把关注的重点放在他们给出的答案上。最后，戈德伯格觉得自己弄明白了其中的玄机。通过和病人的谈话，他了解到这些糙皮病患者都比较穷苦，他们节衣缩食、量入为出，他们吃的一般都是玉米面包、糖蜜和猪油，很少吃或根本不吃新鲜的水果和蔬菜。

因此他推断，营养不良才是这一疾病的罪魁祸首。

为了让人们相信糙皮病是低质量饮食的后果，而不是什么传染病，戈德伯格特意做了一个试验。他找到了一个建在农场上的监狱，关在里面的犯人由于食用了大量的农产品，身体都很健康。他变更了犯人们的饮食，让他们吃那些糙皮病患者常吃的食物。结果，不出几个月，所有的犯人都患上了糙皮病。

最后，戈德伯格的研究发现得到了世人的认可。糙皮病不是传染病，而是缺乏营养的后果。在他死后，人们才发现，是因为缺乏烟酸和维生素 B_3，才会引发糙皮病。戈德伯格第一个看到了水果和蔬菜的力量，这

点无疑是正确的。缺乏烟酸会影响人的皮肤、大脑，让人的生命走向结束。

尽管烟酸至今仍未被确认为是一种维生素，但水果和蔬菜拥有惊人的治疗能力，这点是毋庸置疑的。我的父母总让我多吃水果和蔬菜，大概就是这个原因。

水果 + 蔬菜 = 微量营养素

自打我小时候起，大家就总劝我要多吃蔬菜沙拉。我敢打赌，你们也是这样过来的。或许，你乖乖地舀了一盘小包菜，听话地把它吃了；或许，在你父母看不到的桌下，你的小狗正在享用你那盘绿叶蔬菜。不管怎样，现在你已经长大成人了，食用水果和蔬菜应该成为你每天都要做的事。

你想拥有柔软、光滑的肌肤吗？你想让自己思维明晰、目光清澈吗？那就多吃一点水果和蔬菜吧。

我对维生素和矿物质了解得越多，我就越为自己感到幸运，因为我生活在一个终年不缺水果和蔬菜的地方。单单食用新鲜的水果和蔬菜，就为我的骨骼提供了大量钙质、为我的血液提供了铁质、为我的免疫系统提供了维生素 C。无论我是在路上奔忙、在锻炼身体还是在记诵台词，这一份份菠菜沙拉、芝麻菜沙拉，一碗碗的樱桃，一盘盘的西蓝花、玉米、茄子和番茄，都让我变得更敏捷、更强壮、更能干。

你想拥有柔软、光滑的肌肤吗？你想让自己思维明晰、目光清澈吗？那就多吃一点水果和蔬菜吧。

你和植物有什么共同点

植物会将多余的葡萄糖储存为淀粉和脂肪，就像我们的身体会将糖储存为碳水化合物和脂肪一样。想象一下那些有甜味的蔬菜，比如胡萝卜和甜菜——它们的甜味就来自它们储存的糖分。另外，鳄梨和椰子都含有油脂——它们就是植物将多余能量储存为脂肪的范例。

造骨物质

钙、维生素 D、磷、镁

我很幸运，在我的人生中，尽管体育运动很多，骨头却只折断过两次。好吧，不包括我的鼻子，我的鼻子摔破过 4 次。但我只折断了一次骨头就马上明白：确保自己拥有足够的造骨物质，是多么重要的事，尤其是随着我的年龄渐增。你将在第 18 章中详细地了解到，我们的骨骼系统不断上演着更新改造的蒙太奇，老细胞不断死亡，新细胞不断更新。如果你想拥有成年人的健康骨骼的话，就必须为身体提供形成健康骨骼所需的营养物质——钙、维生素 D、磷、镁。如果你食用的是天然食品，很可能你已获得了足够的磷和镁，但许多女性无法从食物中获得充足的钙，因此她们也许可以考虑一下给身体补充钙质。

令人惊讶的钙质来源

在人们想要获得充足的钙时，通常会将目光投向奶制品。但是深绿色叶菜（西蓝花、羽衣甘蓝、白菜、萝卜和芥蓝菜）和其他不含乳制品的食物也能提供不少钙质。所以除了一杯牛奶外，试试这些：[23]

- 1 杯豆奶：300 毫克（和牛奶相同的钙含量！）
- 1 杯煮熟的黄豆：261 毫克
- 1 杯煮熟的西蓝花：180 毫克
- 半杯煮熟的白豆子：100 毫克
- 1 杯生的羽衣甘蓝：90 毫克
- 1 盎司杏仁：80 毫克

造骨物质 [24]

营养物质	它有何种功效	魔法数字 [abcd]	缺乏它的后果	能从何处获得
钙	骨骼构造；肌肉收缩；血液凝结；神经脉冲传递；荷尔蒙分泌。	1 000 毫克 / 日，但不多于 2 500 毫克 / 日。	发育迟缓（儿童）；骨量减少（成人）；骨质疏松（老人）。	牛奶和乳制品；绿色蔬菜；豆荚；豆腐；鱼（带骨的）。
磷	骨骼和牙齿构造；人体酸碱度平衡；能量反应；帮助形成细胞膜和遗传物质。	700 毫克 / 日，但不多于 4 000 毫克 / 日。	肌无力；骨痛；很少因饮食不良引起缺乏；可能会因酗酒或服用限制磷的功效的药物引起缺乏。	肉；鱼；禽；蛋；牛奶和乳制品。
镁	骨骼和牙齿构造；帮助人体制造蛋白质；肌肉收缩；血液凝结。	310 毫克 / 日，但不多于 350 毫克 / 日。[e]	肌无力；精神错乱；儿童发育迟缓。	绿色叶菜；全麦谷物；种子；海鲜；浆果；豆子；巧克力；可可。
维生素 D	骨骼健康；调节血钙水平；产生血清素。	15 微克 / 日，但不多于 100 微克 / 日。	儿童佝偻病（骨骼脆弱，弓形腿）；成人软骨病（骨头松脆）。	强化乳；蛋；黄油；多脂鱼（三文鱼、沙丁鱼、鲱鱼）；照射阳光后在体内合成。

a.19 ～ 30 岁女性的膳食参考摄入量。
b.RDA= 推荐的每日摄入量（足以满足人体需要的日均摄入量）。
c.AL= 适宜摄入量（在缺乏科学证据时提供，代替 RDA）。
d.UL= 可耐受最高摄入量（不会对健康引起副作用的每日最高摄入量）。
e. 镁的可耐受最高摄入量只适用于膳食补充剂和药物补充剂，不包含来自食物和水的摄入量。

维生素和快乐

人的情绪有时候和微量营养素有关。比如，维生素 D 对血清素的产生起着一定作用，血清素是一种能够促使大脑产生积极情绪的激素。缺乏维生素 D 会引发不良情绪、精神焕散，也就是说，没有足够的维生素 D，就无法开心快乐。[25]

人类是幸运的，我们可以通过饮食摄入维生素 D，或从阳光中获取维生素 D。明晃晃的阳光，虽然无法直接带给我们能量，却能让我们获得每天所需的维生素 D，因为我们的身体能通过阳光合成维生素 D。清晨在户外跑步，不但让我精神焕发、汗流浃背，还让我获取了一些维生素 D！

正如植物利用阳光，经过光合作用创造它们的养料一样，你的皮肤也利用阳光来合成维生素 D。在夏天的中午时分，你只需要在阳光下暴露 20 分钟，你的身体就能合成 2 万国际单位的维生素 D……如果你明白，50 岁以下人群的推荐维生素 D 日摄取量是 200 国际单位，那么显而易见，太阳果真是高效的维生素 D 供应商（只要天没有下雨）。

当然在雨季，你也可以通过饮食摄入维生素 D，强化乳、鸡蛋、黄油和多脂鱼类等食物，也是非常不错的维生素 D 来源。如果你怀疑自己没有摄入足够的维生素 D，可以让你的医生给你做个简单的测试。如果你不能适应接受足够时长的光照，或不喜欢那些富含维生素 D 的食物，你可以服用膳食补充剂。

但是别忘了，在你大量吸收维生素 D 的同时，也得保护好皮肤。请在你肌肤的所有暴露部位抹上防晒霜，如果你打算在阳光下待 20 分钟以上的话。

造血物质

铁、铜、叶酸、维生素 B_{12}

你可以把流经血管的血液想象成一条繁忙的河流——它将各种物质运送到各个遥远的目的地。你的血液给你的全身带去氧气，把二氧化碳带回肺部；你的血液把营养物质输送到各个细胞中，将产生的废物排出体外。你的身体需要铁、铜、叶酸和维生素 B_{12}，来创造出健康的红血球，完成所有这些任务。

世界上最常见的营养不良是缺铁，缺铁将导致贫血——女性比男性更容易贫血。缺铁最常见的原因是失血、无法从饮食中摄取充足的铁质或患有肠功能紊乱疾病，比如乳糜泻，令你无法正常地吸收铁质。孕妇、素食主义者、经期不顺畅的女性，得贫血症的风险更大。贫血症的症状有：疲倦、头昏、呼吸短促、手脚寒冷、心跳过快等。如果你感觉自己符合这些症状，你有可能得了贫血症，该去看医生了。医生会让你补充铁质，如果有必要的话。但请别在未经诊断的情况下自行补充铁质——如果你体内的铁质过剩，将会加重肝脏的负担。

准备生孩子的女性，应该考虑一下她们饮食中含有多少叶酸。许多女性都会在怀孕前和怀孕时补充叶酸，以防胎儿出现先天缺陷。[26]

素食主义者：大量摄取铁质

如果你是一名素食主义者，你每日摄入的铁质，应该是推荐日摄入量的两倍，这样你才不会缺铁。铁质的最佳植物性来源包括：豆荚、大豆、豆腐、坚果、干果，比如干杏仁；深绿色的叶菜，比如菠菜、羽衣甘蓝、芜菁叶；还有强化麦片等等。但是喜欢素食的人应该对此加倍注意，因为人体从植物性食材中摄取铁质，并不是非常有效，不过维生素 C 能起到辅助作用。在你的蒸甘蓝上滴几滴柠檬汁，或者用菠菜和草莓来做个漂亮的沙拉，或者在豆腐上撒上一些煨番茄（后面第二张表格中列出了含有维生素 C 的食物）。所以，你要记得用富含维生素 C 的食物搭配含铁质的食物，让营养吸收实现最大化。

对素食主义者来说，摄入充足的维生素 B_{12} 也没有那么容易，因为它只存在于动物性食材中。维生素 B_{12} 具有非常重要的作用，比如养护神经组织等；如果你长期缺乏这种维生素，有可能你的神经系统将受到终极损害。素食主义者应该食用一些维生素 B_{12} 强化食品，比如麦片和营养酵母，也可以考虑补充维生素 B_{12}。你的医生会给你列个清单。[27]

造血物质 [28]

营养物质	它有何种功效	魔法数字 [abcd]	能从何处获得	缺乏它的后果
叶酸	DNA 和红血球； 氨基酸； 新陈代谢。	400 微克 / 日， 但 不 多 于 1 000 微克 / 日。[e]	绿叶蔬菜； 柑橘类水果 / 果汁； 内脏；豆荚； 种子； 强化麦片和谷物。	贫血；体虚； 疲劳；头疼； 精神难以集中； 口舌生疮； 增加产下天生 神经管缺损胎 儿的风险。
维生素 B_{12}	增加叶酸的利用 率； 分解脂肪 和氨基酸； 养护神经组织。	2.4 微克 / 日。	肉；鱼； 禽肉；奶； 强化麦片和谷物； 只能在动物性 食材中找到。	贫血；疲劳 短时记忆受损； 导致会引起瘫 痪的神经损伤。
铁	形成血红蛋白 ——红血球中 运载氧气的蛋白 质； 形成肌红蛋白 ——肌肉中运载 氧气的蛋白质。	18 毫克 / 日， 但不多于 45 毫 克 / 日。	肉；鱼； 禽肉；全谷物； 蛋；豆荚； 干果； 强化麦片和谷物。	贫血；体虚； 疲劳；头疼； 肤色苍白； 对低温耐受力弱； 体能下降； 认知功能低下。
铜	帮助人体 利用铁质； 防止不稳定分子 侵害人体。	900 微克 / 日， 但不多于 10 000 微克 / 日。	内脏；海鲜； 坚果；种子； 全谷物。	失眠； 骨骼异常。

a.19 ～ 50 岁女性的膳食参考摄入量。
b.RDA= 推荐的每日摄入量（足以满足人体需要的日均摄入量）。
c.AL= 适宜摄入量（在缺乏科学证据时提供，代替 RDA）。
d.UL= 可耐受最高摄入量（不会对健康引起副作用的每日最高摄入量）。
e. 叶酸的可耐受最高摄入量只适用于人工合成的维生素添加剂和强化食品。

抗氧化剂

维生素 C、维生素 A、硒、β-胡萝卜素、维生素 E

我有时候喜欢吃蘸着杏仁奶油的苹果片。如果我把苹果切成小片后，走开去接个电话，那么等我回来时，原本脆嫩雪白的苹果就会不可避免地开始发黄。

这一褐变过程是氧化的结果。也许你会问我，苹果果肉和人体肌肉有什么关系呢？答案是：如果暴露在二手烟和被污染的空气中，你的体内也会发生类似的褐变过程。苹果细胞发生褐变，并不是什么大问题。但如果事关你身体的细胞，你就该多加注意了。当然你的身体能不断让细胞重生，所以苹果会变黄并腐烂，而你体内的新生细胞会代替老细胞。但在有的时候，受损细胞中的分子会失去一两个电子，变成自由基。失去了原本属于自己的东西之后，这些自由基就会到外面胡乱闯荡，想要夺回自己失去的东西，有时候它们会损害其他细胞，启动一系列细胞活动，导致疾病的产生……比如，心脏病、癌症、关节炎、白内障和糖尿病。自由基将在细胞层面继续氧化，以自己遭到损害的方式去损害别人，令人体老化（包括皮肤的老化）。

那么我们该如何应对呢？你可以通过食用橙子、胡萝卜、绿叶蔬菜、全谷物、草莓、坚果这些我们一直提到的食物，为你的身体提供数量充足的抗氧化剂。

因为维生素 C、维生素 A、硒、β-胡萝卜素、维生素 E 组成了一支抗氧化剂大军，它们能保护人体，使人体免受氧化过程的侵害。

举例来说，维生素 E 存在于细胞膜中，当自由基想要破坏细胞膜时，维生素 E 将挺身而出。维生素 C 能帮助你的身体吸收铁质，增强你的免疫系统，并在皮肤保健中起到重要作用。硒和 β-胡萝卜素对人体免疫系统也都很重要。作为一种抗氧化剂，β-胡萝卜素能够保护你的眼睛

抗氧化剂大军 [29]

营养物质	它有何种功效	魔法数字 [abcd]	能从何处获得	缺乏它的后果
维生素 C	有助于合成胶原蛋白；支持免疫系统；有助于人体吸收铁质。	75 毫克 / 日，但不多于 2 000 毫克 / 日。	深绿蔬菜；柑橘类水果；土豆；哈密瓜；草莓；番茄。	坏血病（牙龈出血，瘀癍出血，骨骼生长异常，骨痛）；伤口愈合不良；贫血症；抑郁症。
维生素 E	强化免疫系统；保护维生素 A 和多元不饱和脂肪酸不受氧化作用的侵害。	15 毫克 / 日，但不多于 1 000 毫克 / 日。[e]	植物油；沙拉酱；人造奶油；坚果；种子；绿叶蔬菜。	红血球破坏；贫血；神经损伤；肌无力；肌肉退化；纤维囊肿性乳腺瘤。
硒	保护细胞膜；支持免疫系统；调节甲状腺功能。	55 微克 / 日，但不多于 400 微克 / 日。	动物内脏；海鲜；全谷物；肉；蔬菜。	克山病（一种心脏病）；大骨节病（一种关节炎）；免疫受损。
维生素 A	帮助眼睛适应光线的变化；生殖；骨骼生长。	900 微克 / 日，但不多于 10 000 微克 / 日。	内脏；海鲜；坚果；种子；全谷物。	失眠；骨骼异常。
β- 胡萝卜素	保护细胞膜；保护眼睛；支持免疫系统。	没有推荐摄入标准。	菠菜和其他绿叶蔬菜；花椰菜；萝卜；杏仁；哈密瓜；甘薯；南瓜。	不详。

a.19 ～ 50 岁女性的膳食参考摄入量。
b.RDA= 推荐的每日摄入量（足以满足人体需要的日均摄入量）。
c.AL= 适宜摄入量（在缺乏科学证据时提供，代替 RDA）。
d.UL= 可耐受最高摄入量（不会对健康引起副作用的每日最高摄入量）。
e. 维生素 E 的可耐受最高摄入量只适用于人工合成的膳食补充剂、强化食品，或两者的结合物。

和细胞膜，你的身体还能将它转化成维生素 A，维生素 A 能帮助你的眼睛适应光线的变化，给你清晰的视力。

食用富含抗氧化剂的食物，是我们不让疾病有可乘之机、让自己永葆健康的不二法门。

能量维生素

硫胺素（维生素 B_1）、核黄素（维生素 B_2）、烟酸、维生素 B_6

我是个很忙的人，每天需要很多能量，才能跟上我已预定好的日程安排。我总是忙着上另一架班机，参加另一次会面，拍摄另一部电影，参加另一次培训，做各种琐碎的事情，购买食品和杂货，或者烹饪。世间有这么多有意思的事情，值得去看、去做、去享受、去体验，因此，如果我想获得更多的成就，就需要更多的能量。

前面我们已经讨论过，能量是如何从碳水化合物、蛋白质和脂肪等宏量维生素转化而来的，但是能量的转化并不是仅仅依靠宏量维生素就能完成的。微量维生素，尤其是 B 族维生素，在这一能量转化过程中，同样功不可没。B 族维生素有很多种，硫胺素、核黄素、烟酸和维生素 B_6 是其中四种。这四种 B 族维生素能帮助人体将碳水化合物转化成葡萄糖，而葡萄糖是人体产生能量所必需的物质。B 族维生素是微量营养素中的劲量兔，它们能让你精力充沛，并发挥最佳状态。

硫胺素，也就是维生素 B_1，能帮助人体分解糖类，它对神经系统的保健非常重要。核黄素，也就是维生素 B_2，必须每天摄入，它能帮助人体制造红血球，它对你的皮肤、指甲和头发也很重要。烟酸，也就是维生素 B_3，能够促进血液循环，并帮助人体产生应激激素和性激素。[30] 维生素 B_6 能对抗感染、保持正常的血糖水平，并为红血球制造血红蛋白。

能量维生素 [31]

营养物质	它有何种功效	魔法数字 [abcd]	能从何处获得	缺乏它的后果
硫胺素	帮助人体从碳水化合物和蛋白质中获得能量；帮助神经传输信息。	1.1 毫克 / 日。	全谷物食品；猪肉；火腿；肝脏；深绿蔬菜；坚果。	情感淡漠；短时记忆退化；意识模糊；易怒；肌无力；心脏组织受损。
核黄素	帮助人体将食物代谢为能量；帮助人体代谢其他维生素（叶酸、维生素 B_6、烟酸）。	1.1 毫克 / 日。	牛奶和乳制品；全谷物食品；内脏。	口腔、皮肤、眼睛发炎；咽喉痛；洋红舌；嘴角开裂。
烟酸	帮助人体将碳水化合物、脂肪和酒精转化成能量。	14 毫克 / 日，但不多于 35 毫克 / 日。[e]	啤酒酵母；肉；鱼；禽类；菌菇；豆荚；全谷物。	糙皮病；腹泻；呕吐；抑郁症；疲倦；肌肤暴露在阳光下易出疹子。
维生素 B_6	帮助人体代谢氨基酸；帮助人体分解糖原。	1.3 毫克 / 日，但不多于 100 毫克 / 日。	动物性食物，比如肉类、鱼类、禽类；强化麦片和谷物；非柑橘类水果；蔬菜。	皮炎；小细胞贫血；抑郁症；意识模糊；惊厥。

a.19 ～ 50 岁女性的膳食参考摄入量。
b.RDA= 推荐的每日摄入量（足以满足人体需要的日均摄入量）。
c.AL= 适宜摄入量（在缺乏科学证据时提供，代替 RDA）。
d.UL= 可耐受最高摄入量（不会对健康引起副作用的每日最高摄入量）。
e. 烟酸的可耐受最高摄入量只适用于人工合成的维生素补充剂和强化食品。

这些能量维生素具有头等重要性，它们促进消化，供给能量。每当我跳舞、游泳、大汗淋漓时，是这些能量维生素在给我提供支持。你想要拥有充沛的精力、强健的记忆力、饱满的精神吗？那你就该多吃绿叶蔬菜、全谷物、鱼、菌菇和高质量的乳制品。

水合电解质

钠、钾和氯化物

我喜欢吃咸的东西，也喜欢喝水。我的运气不错，因为这两样东西很搭。钠是食用盐的组成元素，它有助于维持体内的水分平衡。如果摄入了过多盐分，你会觉得身体肿胀，因为过量的钠元素会让你的身体滞留水分。但适量的钠对我们的健康是必不可少的，因为它是一种电解质。

也许你看到过，在许多饮用水和运动饮料的标签上，都标着"添加电解质"的字样。到底什么是电解质呢——是你的身体真的需要它们，还是商人们希望你对它们深信不疑、愿意乖乖为它们掏钱埋单呢？信不信由你，电解质是真实存在的，并且对人体很重要。与钠、钾和氯化物相同，电解质属于微量营养素，它们是一些有助于维持人体水分平衡的化合物，能确保你所摄入的水分在你的细胞内外得到合理分配。电解质还能帮助人体传输神经冲动、发送信号，这样你的肌肉才会收缩，你才能出去散步、打开坛子或者做别的事情。

请记住，钠对你的健康很重要，但过量的钠会引发高血压——一种让动脉中的血压升高，从而让心脏不堪重负的疾病。这就是食盐过量有害健康的原因！从另一个方面来说，如果食用充足的富含钾的食物，比如香蕉，就能保护你不患上高血压。和其他营养物质一样，少了就会不够用，可是如果过量了，却是你的身体所无法消受的。你该怎么处理呢？平衡，平衡，再平衡！

> **控制钠的摄入量**
>
> 普通人摄入的钠中，有 77% 来自加工食物或餐馆中的食物。

水合电解质 [32]

营养物质	它有何种功效	魔法数字 [abcd]	能从何处获得	缺乏它的后果
钠	保持细胞外的水分平衡; 帮助神经传输信息; 肌肉收缩。	1 500 毫克 / 日,但不多于2 300 毫克 / 日。	餐桌盐; 酱油。	肌肉痉挛; 头疼; 头晕; 疲劳; 食欲不振; 情感淡漠。
钾	保持细胞内实现体液平衡; 帮助神经传输信息; 肌肉收缩; 稳定血压。	4 700 毫克 / 日。	水果; 蔬菜; 肉; 谷物; 豆荚。	肌无力; 意识模糊; 食欲不振。
氯化物	维持水分平衡; 帮助形成胃酸。	2 300 毫克 / 日,但不多于3 600 毫克 / 日。	餐桌盐; 酱油; 肉; 牛奶; 蛋。	通常不会发生。

a.19 ～ 50 岁女性的膳食参考摄入量。
b.RDA= 推荐的每日摄入量（足以满足人体需要的日均摄入量）。
c.AL= 适宜摄入量（在缺乏科学证据时提供，代替 RDA）。
d.UL= 可耐受最高摄入量（不会对健康引起副作用的每日最高摄入量）。

充分利用各种微量营养素

我喜欢味道浓郁的食物。大蒜刺激的气味、番茄鲜明的红色、芝麻菜苦苦的味道……应该说我很幸运，这些口感浓郁、颜色鲜明的食品，对我的身体很有好处。大蒜的灼人口感、番茄的醒目颜色，还有芝麻菜不同寻常的气味——这些都来自植物素——一种植物中天然存在的、对人体有益的化合物。这些天然食物除了外表出众夺目、味道鲜美浓郁外，还能帮助你的身体抵抗疾病，这是多么美妙、多么难以置信啊！比如，番茄鲜明的红色来自茄红素，它能促进心脏健康。大蒜中含有大蒜素，它能抗菌。芝麻菜中的吲哚[33]，甚至还能帮助人体抵抗癌症！

因此，你完全可以根据各种水果和蔬菜呈现出的色彩，来判断它们营养成分的多寡。一颗生菜的颜色越绿，就越有营养。在你准备各种沙拉食材时，就是你积攒微量营养素的大好机会。你可以试试这么做：把花椰菜、菠菜、绿叶生菜、紫甘蓝和番茄切成可以入口食用的小块，然后你可以加上鳄梨片和鲜葵花子（鹰嘴豆或黑豆都是不错的选择），以增加蛋白质；配上糙米，补充一点儿复合碳水化合物；在上面挤一些柠檬汁，淋几滴橄榄油——它能帮你吸收脂溶性维生素，再加少许盐和胡椒。这样你就给自己做了一顿风味绝佳的、富含植物素的美食。

不要害怕将各种蔬菜混在一起！蔬菜品种越多越好。蔬菜喜欢在一起做伴，它们有一种惊人的能力：它们不但在你的体内是好搭档，在你的口中也是好伙伴。你可以尝试把各种不同的蔬菜搭配在一起，还可以考虑加上水果……试试菠菜、草莓、杏仁和香葱的组合，或者芝麻菜、黑豆、红皮洋葱和杧果的搭配。你也可以试着加入一些干果，比如有核和无核的葡萄干，它们可以增加一些甜味。

无论你喜欢何种蔬菜、水果、谷物或豆子的沙拉，最好的沙拉永远是最简单、最易做的。新鲜榨出的柠檬汁、几滴橄榄油、少许的盐，如果你喜欢胡椒，也可以再加一些胡椒。把它们全部拌在一起，你就会觉得自己来到了天堂！这非常简单。如果你想多冒一些险，可以试着加入一些香草和香料，比如剁碎的新鲜大蒜、新鲜的罗勒、干牛至或辣椒片。不过香料只能起到辅助作用，关键是综合各种不同的植物素，同时让沙拉符合你的口味。

最近，我和几个侄女一起做饭时，一个侄女问我："阿姨，你怎么能把这个做得这么好吃？"

我回答她："这是我用心试验的结果。我先想好吃什么，然后在网上寻找食谱，弄明白该如何烹饪，然后我反复地做这道菜，直到我做出来的味道和我想吃的口味一模一样。"

她说："哦，怪不得这么好吃。"

这就是把你自己喂饱并喂好的全部秘密：花时间找到一种你爱吃又能为你提供健康所需的各种营养物质的食物。这些营养物质包括维生素、矿物质、碳水化合物、必需脂肪和蛋白质。

以下是一张食物速查表，表格中列出的各种食物含有丰富的维生素、矿物质和植物素。一个最基本的规律是：你的餐盘越是五彩缤纷，餐盘中的食物营养就越全面。

蔬菜		水果	豆子	坚果和种子	全谷物
芝麻菜	茄子	苹果	豌豆	葵花子	糙米
芦笋	羽衣甘蓝	黑莓	大豆	核桃	燕麦
白菜	蘑菇	蓝莓	黑豆	亚麻籽	藜麦
西蓝花	欧芹	覆盆子			
抱子甘蓝	甜椒	红葡萄柚			
花椰菜	菠菜	红葡萄			
芹菜	南瓜	草莓			
红辣椒	番茄	西瓜			
芥蓝	西洋菜				
蒲公英	西葫芦				

  所以，在你的餐盘里装上绿色的蔬菜、耐嚼的全谷物、坚果和种子、黄色的甜椒、紫色的茄子、粉红色的西瓜和红色的覆盆子吧。这样一个像彩虹一样绚丽多彩的餐盘，意味着你的健康饮食指数达到了黄金值。

  如果你觉得自己可能缺乏某种微量营养素，或对如何完善你的饮食心存疑问，不要犹豫，赶紧找你的医生——她是专业人士。也许好奇真的会害死猫，但是想要知道是什么、为什么的这种愿望，能让女人活得健康、青春常驻。

CHAPTER 11 | 水是生命之源

每天晚上我睡觉前，都会倒满一大玻璃杯水，放在浴室的洗手台上。早上我起床、刷牙后的第一件事，就是把那杯水喝了。因为我知道，在我夜间睡眠时，我不断呼吸，消耗了肺部的大量水分。你可以想象一下，经过漫长的 8 小时呼吸，你消耗了多少水分？鉴于我们无法在睡眠时补充水分，在醒来后赶紧补充水分，就显得格外重要了。

我一喝下玻璃杯中的水，马上就感觉到了不同：我就像一棵即将枯萎的植物，重新得到了雨水的滋润，恢复了勃勃生机。我的每一个细胞中都充满了水分，我又变得生机勃勃、充满活力了。我的眼睛和鼻子变湿润了，我的嗓子不再感觉到干巴巴的刺痒了。最棒的是，这杯水喝下去后，重新启动了我的消化道。在我把整整一杯水都喝光后，我在玻璃杯中再次加满水，并在中午之前把它喝光。我喝的是常温下的水，有时我会在水中放一片柠檬，不过我经常什么都不放。一天中，我会把玻璃杯中的水加满好几次；我会确保，我的身旁总有一杯水。就这样，我在一天中稳定地、不间断地摄入水分，这样能让我的头脑保持清醒，身体健康运转。我的脸上能始终保持明媚的笑容，也得益于水。因为如果唇干口燥，就很难绽开双唇，露出那珍珠般雪白的牙齿。

早晨的第一杯水是我的起床铃，我会"咕咚咕咚"一饮而尽。我会在前一天晚上把水倒好，放在浴室洗手台上，这样我就不需要多费心了——我早晨醒来后，就可以喝呀喝，直到我整个人彻底醒来，感觉自己得到了滋润和水分，不再像撒哈拉沙漠那样沉重、黯淡、干巴巴了。

因为水就是生命。你的生命、我的生命、这个星球上一切生命体的生命，都仰仗于水。这个由两个氢原子和一个氧原子构成的简单组合，构成了你体重的一半以上。没错，你身体的 50% ~ 70% 都是水！你身体中的大多数水分——2/3 左右——都存在于你的细胞中，还有 1/3 的水分存在于你的血管中、细胞间、组织和器官中。没有了水分，人就活不了多久，因此寻找水源是古往今来所有人的第一要务。无论我们在哪里出生，找到新鲜、洁净的水源都是我们每一天的头等大事。这一点也许对你我毋庸多言，但不幸的是，世界上还有很多人完全不了解水的重要性。

地球上蓝色海洋的面积很大，但这并不意味着，我们有取之不尽、用之不竭的饮用水。你们知道吗，地球上只有 1% 的水是新鲜的、可饮用的。地球上的大多数水，是无法倒入玻璃杯中供你饮用的。

人类生存的三大需求分别是：食物、住处和饮用水。我们需要所有那些营养物质才能生存下去，但水很有可能是人类最重要的营养物质。如果你被困在一个只有雨水、没有食物的地方，你也许能活上一个月，这是人体得不到食物时的生存极限。但是，如果你被困在没有水的沙漠中，你连一个星期都挨不过去。这就是说，水比食物更重要。

看看你是否缺水

·检查你是否口渴。感到口渴并不仅仅意味着你需要喝水了，口渴意味着你已经缺水好一阵子了。口渴是你的身体在告诉你，你已经太久没有喝水了。

·检查你的尿液。你每天醒来后以及全天的小便是什么颜色？通常来说，淡黄色意味着你体内有充足的水分，深黄色的尿液或尿液很少意味着你缺水了。

你需要多少水分

每天，你所摄入的水分应该和你所失去的水分（通过汗液、尿液等）持平。如果你失去了大量水分，却没有补充足够的水分，你就会脱水。干渴不断加剧、嘴唇和皮肤干燥、心跳加快、疲乏虚弱、意识模糊，这些就是人体脱水的种种迹象。我们说过，水能调节体温，还记得吗？如果你严重脱水，你的体温就会上升到一个危险的水平，从而对你的肾脏和其他脏器造成损害。

早期脱水必然出现的一个迹象就是头昏脑涨，让你无法清晰地进行思考。此时你不该滥用布洛芬这些抗炎止痛药，可以先试着喝下一两杯水，看看头脑和思维是否会变得清晰起来。如果是，那么再喝上一杯水也不会有什么坏处，因为水合作用对你身体的各个部分都非常关键。

通常情况下，你的身体每天大约需要 10 杯水。你每天所需的水分，取决于你的年龄、健康程度、活动强度、生活环境（如果你住在亚利桑那州，就很可能比住在阿拉斯加需要更多水分）以及你的饮食习惯——水果和蔬菜中一般含有 90% 以上的水分，所以如果你吃了一个多汁的桃子，或者吃了一盘黄瓜和番茄沙拉，你就能吸收这些水果和蔬菜中所含有的水分。保持润泽不脱水是食用这些鲜美多汁的果蔬的又一好处，也是"人如其食"的又一范例。

记住，水分的最佳来源就是白开水，不是能量饮料、冰茶或者柠檬水，不是咖啡、酒精、果汁，更不是碳酸饮料。每当你觉得"我需要喝点饮料"的时候，你该用水来代替饮料。如果你真的爱喝饮料，你想喝比白开水更有味道的东西，你可以在水杯中挤入一点柠檬汁或橙汁，也可以碾碎几颗浆果，把它们倒入水中。捣鼓水果是很有意思的事，你可以试试你能搭配出什么口味，而且还能得到水果中的营养成分。

你问我清晨喝下第一杯水的感觉是什么？它能激活我的整个身体。当我喝下那一杯水，我能感觉到它在我的体内发挥着作用。我能感觉到我的每个细胞中充满了水分，就像花儿一样。

CHAPTER 12 | 消化

其实你和蚯蚓有许多共同之处，别生气，我也是如此。也许我们会修指甲、修趾甲，看到新鞋会兴奋，但当我们将食物和水喂入自己口中时，它们基本上就进入了一条长长的管道，一条用于吞咽食物、加工食物和排出食物的管道。就像你的奶奶可能说过的那样："一头进，一头出。"

那条介于吞下食物和排出食物之间的管道，有30英尺（9.14米）长，它盘绕蜷曲在你的体内——这是多么了不起的布局啊！因为我猜你的身体应该没有30英尺那么高。在那条管道中，有一支组织精良、效率惊人的队伍，将你的食物转化成养料，这个过程通常需要72个小时（当然具体所需时间取决于你的体形、你的食量以及你吃下的食物种类）。

亚历杭德罗·荣格医生的《清洁肠道》一书讲到，消化系统对你的健康至关重要。你的身体通过消化系统提取营养物质，此外，消化系统也是你的免疫防疫系统的一部分。它负责加工你吃下去的食物，并吸取其中的营养物质，让那些营养物质能被输送到你的全身。你的消化系统越健康，就能越好地加工食物，将营养成分分解成更小的单元，并吸收营养物质，让营养物质能被输送到你的各个细胞中。任何没有被消化、吸收的东西——包括那些会让你生病的毒素——最后都被排出了体外。

从这里开始

消化从口腔中开始。你那张能说会道、善于接吻、涂了红色口红后美艳绝伦的嘴，也是消化的便捷工具。你那洁白的牙齿，能咬碎食物，将食物切分成更加便于掌控的小块。消化始于咀嚼，所有这些咬碎、嚼动和撕咬的动作，你高中的生物老师管它们叫咀嚼。将食物切分成小块，从而增加食物的表面积，这样随后的消化道就能更好地处理它们。当你吃下味道鲜美的食物时，你的口腔就会分泌唾液，唾液中含有大量的唾液淀粉酶，随着你咀嚼食物，唾液淀粉酶就开始分解碳水化合物。要感激这些唾液，正是这些唾液让食物变得如此美味：在唾液的湿润下，味蕾全面打开，从而品尝到各种味道。[34]（虽然说，本章的议题是消化问题，可我们也得实话实说：食物味道如何，的确关系重大。）

当你将食物吞咽下后，食物滑下食管，来到你的胃中。我们谈到吃东西时，总会说起胃，所以，当你了解到，只有很少一部分消化是在胃中进行的时候，你或许会感到非常惊讶。胃的主要任务不是消化，而是用胃液来混合、搅拌食物。胃液中充满了各种酶，在食物进入小肠前，这些酶类物质就开始分解蛋白质和脂肪，但是，消化和吸收主要是在小肠里进行的。

胃是一个神奇的器官，但它一次只能加工数量有限的食物。如果一个人一口气吃下了一大盘奶酪拼盘（当然这纯粹是假设性的），很可能会引起胃部不适。因为胃中的食物并不是一次性清空的，而是一个缓慢的过程。如果你每次吃下的食物分量合适，就能帮你的胃高效率地完成它的工作（也免于让自己陷入长达数小时的肚饱气胀、躺倒在沙发上无法动弹的困境）。

食物一进入小肠，真正的消化吸收就开始了。此时，维生素、矿物质这些微量营养素早已变得足够微小了，不需要再对它们进行分解；小肠能够立即吸收它们，专心致力于它该做的工作。相对来说，宏量营养素就需要小肠更加努力。胰腺分泌出胰腺酶，胰腺酶将已经咀嚼的、掺和了唾液和胃酸的食物颗粒分解成更小的颗粒。这些胰腺酶是由蛋白质组成的。小肠绒毛——小肠表面上的小小突起物，能分泌出更多的酶，帮助消化进入最后阶段。此外数以百万计的微型细菌也来帮忙，它们生活在你的消化道中，它们能帮助你的身体获取你所摄入的食物中的全部营养（我们将在第13章中继续深入探讨这个问题）。

最后，在小肠中作了短暂停留之后：

- **法国长棍面包**——碳水化合物，从体积较大的糖变成了葡萄糖、果糖、半乳糖等单糖，这些单糖最终将被人体作为能量利用，或作为脂肪储存起来。
- **鸡胸肉**——蛋白质，被分解成了最小的单元——各种氨基酸和各种多肽物质。氨基酸将用来形成强健的肌肉。
- **小块黄油**——脂肪，被分解成脂肪酸链，用作能量，或用于维生素和矿物质的吸收。

单糖、氨基酸和脂肪酸——这些消化过程中产生的宝贝，必须被小肠细胞吸收，才能被你的身体有效利用。然后它们将乘上消化列车，继续旅行。下一站是交流站——肝脏。肝脏就位于胃的右上方，它在人体内发挥着多种重要功能。你的胰腺会根据血液中葡萄糖的含量，分泌出适量的胰岛素。在胰岛素的指引下，肝脏开始储存糖原（长期储存的葡萄糖）以备将来使用。肝脏也能摧毁有毒物质，并储存人体一年所需的维生素 A、维生素 B_{12}，一月所需的维生素 D 以及一些维生素 K、铁和铜。

此外，富含营养物质的血液会被输送到肝脏中，这些营养物质是刚被小肠壁吸收的，肝脏将对它们进行进一步加工：脂肪酸将被消化，糖类将被转化成葡萄糖，氨基酸将和氨分离（氨会转化成尿素，通过尿液排出你的体外）。

在能量循环的最后阶段，血液会把营养物质和氧气输送到你的细胞中。线粒体——细胞的能量发动机——将分解这些营养物质，从而为细胞提供原始的能量来源。这一过程需要氧气的介入。

如果你生过火，你就知道，没有氧气火焰就无法燃烧。是富含氧气的空气让火焰燃烧起来的，因为火焰来自能量：树木燃烧，能量释放到空气中，产生的热能才能烫伤你的手或煮开水。同样，你身体中的能量也是这样产生的。

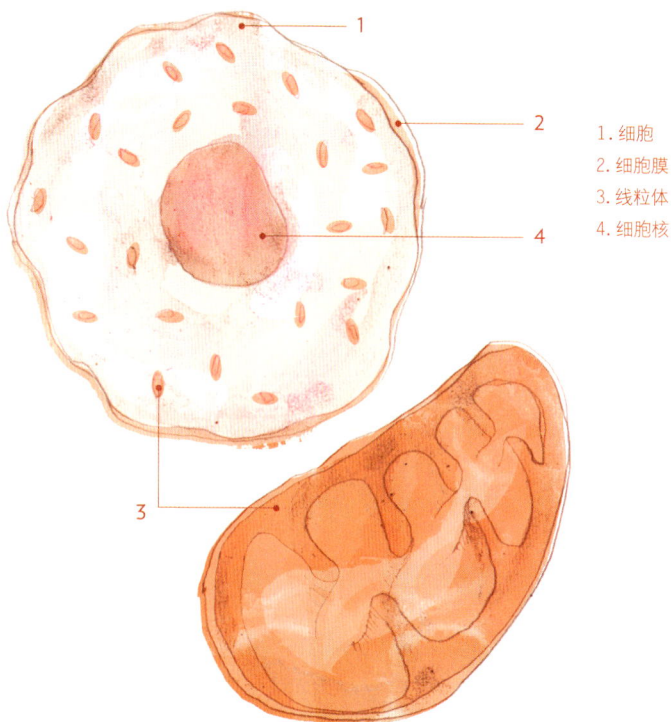

1. 细胞
2. 细胞膜
3. 线粒体
4. 细胞核

当糖原在氧气的帮助下在你的体内燃烧时，它分解成了二氧化碳和水，在这个过程中，还产生了一种叫作三磷酸腺苷的物质。创造这种物质是整个食物消化、能量循环的终极目标：火焰燃烧产生热能，与此类似，三磷酸腺苷就是细胞运作所需的能量。人们常常把三磷酸腺苷誉为生命的能量货币，因为我们做一切事情所需要的全部能量，都是它提供的。你的每次开怀大笑，你的每次心脏跳动，你大脑中的每个想法，你肌肉中的每次收缩，DNA 的复制——这一切所需的养料，都是三磷酸腺苷提供的。[35] 那么细胞呼吸产生的二氧化碳、水这些副产品呢？二氧化碳会随着你的每次呼气排出体外。另外，人体通过三种方式清除多余水分和其他废物。

排汗、排尿和排便

在消化过程中产生了一些废物，这些废物将被排出体外。人的身体主要通过三种途径排泄这些毒素和废物：排汗、排尿和排便。这就是喝下足够的水、摄入富含纤维的食物、每天至少大汗淋漓一次对你非常重要的原因，因为你不仅需要给你的身体提供养料，你也应该帮助你的身体排毒。

流汗很酷

除了很酷以外，流汗还能帮你散热。流汗的一个主要功能就是调节体温。毕竟，你的身体会产生热量——因此你得去除多余的热量。如果不排汗，你的身体很难冷却下来。

你拥有两种汗腺：小汗腺和大汗腺。

· 亮晶晶的手臂、腿和躯干：小汗腺

小汗腺遍布你的全身。一堂健身课结束，你的手臂或运动文胸上浸满了汗液，那就是你的小汗腺的功劳。在那一滴滴细小的汗珠中，大部分物质是水，还有一些盐和钾以及一些氨和尿素——如果你的体内消化了蛋白质，就会排出这些物质——还有尿酸，如果你食用了凤尾鱼、干菜豆或干豌豆这些东西的话。

· 臭臭的腋窝：大汗腺

闻到那种气味了吗？在剧烈运动后，二头肌和大腿上那些美丽晶莹的汗珠并不会让你发出臭味。举起你出汗的手臂，嗅一嗅，什么气味都没有。那些会散发出臭味的汗水来自大汗腺，它们分布在你的腋窝和腹股沟——那些汗液中充满了含脂蛋白质，而生活在这些部位的细菌很喜欢新陈代谢。所以当你闻上去就像健身房肮脏的袜子那么臭的时候，并不是因为你的身体正在排出什么可怕的毒素，而是一个天然的过程，是微小的细菌正在享用你汗液中的副产品。一块上好的抗菌沐浴皂，能帮你应付这些小精灵。

关于排尿

想要小便、尿意袭来、去洗手间、找到马桶……无论你排队上厕所等了 20 分钟，还是立刻找到了方便之所，一个健康的、运转正常的泌尿系统永远值得你珍惜——要是你得过尿路感染，我想你一定明白我的意思。

人体泌尿系统包括肾脏、膀胱和输尿管，输尿管连接肾脏和膀胱，它们负责将尿液排出体外。

肾脏是两个豆子形状的器官，就在你腰的上面、脊柱的两侧。作为泌尿系统的一个组成部分，肾脏过滤我们的血液，保留蛋白质、红血球和人体需要的其他物质，并以尿液的形式排出废物和毒素。大体上说，尿液是肾脏制造的。输尿管是一些狭窄的管道，连接着肾脏和膀胱。膀胱是储存尿液的器官，直到尿液通过尿道排出体外。

我之前已经提到，要对你的尿液多加留意——尿液的颜色和排尿量都要关注——它是你身体是否缺水的一个重要指标。如果正午的钟声已经敲响，而你自从早上喝咖啡后就一直没有去过洗手间，你就必须喝上几杯水，并在午餐时多吃一点儿水分充足的蔬菜和水果了。

检验大便

让我们来聊一聊排便，亲爱的！是的，你没听错。听我说，你是人，所以这是正常的、必需的。我知道现在有些人不愿意聊起这个，但我想聊一聊排便的原因是：你的排便状况是你身体健康的关键指标。所以让我们别说恶心不恶心，也别怕不好意思，增加一点儿对你下半身的排泄物的了解吧。因为这也是知识。

大便是人体中的废物：是我们在吸收食物中的能量和营养后，形成的食物残渣。除了食物中的废物外，它还包括消化液和消化酶中的废物，以及一些能够引起疾病的潜在污染物。

每个人消化食物所需的时间和将废物排出体外所需的时间都是不同的。对有的人来说，一天三次排便再正常不过了，有的人两天才排便一次。你得知道，对你来说什么样的频率是正常的，这才是最重要的。

人类平均每22分钟放一个屁，没错，你也一样。[36]

你了解自己的便便吗？如果它慢慢地或一下子改变了形状，你会知道吗？如果你没注意过，那你就该在冲掉它之前瞄上一眼了，因为它告诉你的信息能够救你的命！没错，它对你就是这么重要。它能告诉你，你是得了严重的疾病，还是只犯了点小胃病。如果你以前没有在冲水前看上一眼的习惯，我想你以后多的是这样做的机会。只要花上10秒钟看上一眼，在脑中记下它的大小、形状、颜色和气味，再把它冲走。你越了解你的便便，你就越了解你的健康。因此它永远值得你去关注。

颜色测试

你吃下去的食物决定了你便便的大小、颜色、数量和连续性。有什么能证明这一点呢？吃下一份甜菜，然后观察你接下去的几次排便。甜菜会让便便带上深粉或红色的色调，所以想要知道食物需要多久才能经过你的整个消化系统，是非常容易的事。

下面是几条通用准则：

松软、多水的便便： 如果你平时每天排便一次，突然一天排了四次，并且便便松软、多水，你立刻就会知道哪里不对劲了。很可能你的身体正在和细菌感染或病毒感染作斗争。松软多水的便便是摄入纤维太多或细菌、病毒感染的标志。另外腹泻会导致脱水，因此你该喝下足够的水。因为腹泻通常会持续好几天，如果持续时间更久，你可能遇到了更严重的问题，比如寄生虫，如果你在腹泻三天后去看医生，就能检测出体内是否有寄生虫。

干结、干硬的粪球： 如果你正常情况下每天排便一到两次，突然连续两天没有排便，这是便秘的迹象。这是你的身体在告诉你，你该回顾下自己吃了些什么食物，喝下了多少水，你最近几天进行了多少体育锻炼。或许你吃下的纤维不够多、喝的水不够多，或者锻炼太少了。

如果你患有慢性便秘却觉得难为情而从未就医，姑娘，那可不行。现在赶紧约见医生吧。如果你刚刚出现便秘，那就观察观察再说。如果便秘已经持续了好几天，你就该看医生了。肠道中存在阻滞可不是闹着玩儿的，这样的事你越早发现就越好——便便（或者没有便便）能为你提供重要的第一线索。

如果你经常便秘，你也许会认为，唯一的办法是通过泻药、栓剂或灌肠获得解脱，但这些"解决办法"会让问题更加恶化，因为你的身体会对它们产生依赖。那是一个你绝对不想被卷入其中的恶性循环。你该做的是：认真回顾一下，你摄入了多少膳食纤维和水分，以及你进行了多少体育锻炼。便秘会让你消化道中的有益细菌和有害细菌的比例失衡，为疾病的滋生创造环境。最糟糕的是，便秘会给你整天带来糟透了的感觉。

不管目前你的消化道处于何种状态，喝下充足的水总是不会错的。如果你腹泻，喝水能防止你脱水。如果你便秘，它能让你的便便变得潮湿、更容易经过消化道，从而缓解便秘。一旦水分进入你的大肠，你的大肠会吸收多余的水分，滋润你的身体，并让你的便便以最舒服的方式排出体外。

我的小诀窍就是，像我之前说过的那样，入睡之前在浴室的洗水池旁放一杯水。第二天早上刷牙后，就尽快把那一杯水都喝了。让我告诉你：它能以快得惊人的速度，唤醒你的消化道。如果你早晨喝了一大杯水，然后做几下运动、深呼吸几次，它就会像闹铃一样，唤醒你的大肠，让它排出积蓄在直肠中的东西。

亲爱的读者，这个东西，就是大便。

CHAPTER 13

向你的小朋友们
问个好

在我说出"细菌"这个词时，你有什么样的感觉？如果你是那种爱在手提包中带上一瓶洗手液，然后在车里再放上一瓶留作备用的家伙，你可能已经感到毛骨悚然了。如果你是那种笃信"五秒原则"、会从厨房地板上捡爆米花吃的家伙，你也许根本无所谓。不管怎样，事实是：人类的天然栖身之所——我们的星球地球，也是细菌的天然栖身之所。

地上都是细菌，水中都是细菌，空气中也都是细菌。你还知道哪里也都是细菌吗？你的身体里。

啊？什么？

这是真的。在这个星球上的各个角落中，生活着各种不同种类的细菌。无论是你今早扶过的栏杆、走过的楼梯，还是地球上最纵深的、最炎热的、最不宜居的海底火山口，抑或是你左耳后根的那个小小角落，这个世界上到处遍布着细菌——包括你的皮肤和你的消化道中，我们没有那么多的消毒剂能将它们清除干净。但是这并没有什么关系。不仅如此，地球上的细菌帮助维系着我们的生命，正如我们知道的那样。

让我们来看一看：10 亿年前，地球上的大气是氮气和二氧化碳组成的有毒气体。氮气是无害的，但如果人体吸入太多的二氧化碳就会致死。我们是幸运的，在一种蓝藻细菌的作用下，地球上的大气从致命的烟雾，转变成了我们今天所呼吸着的含有氧气的混合气体。如果没有这种蓝藻细菌，地球上的大气连维系生命都做不到。时至今日，蓝藻细菌还在卖力地帮助我们，它们将我们呼出的二氧化碳转变成我们需要吸入的氧气。

细菌是我们的朋友。

欢迎你体内的微生物群落

你的身体是由万亿个细胞组成的，你的身体也是万亿个细菌——那些微乎其微的单细胞生物体的家园。生活在你体内的细菌有时会让你胃痛，但更重要的是，你的体内还存在一些别的细菌，正是那些细菌支撑着你的免疫系统、消化系统和心血管系统。你的身体基本上就是一个小型的细菌王国：这个王国中居住着 100 万亿多个细菌。事实上，你体内的细菌细胞[37]，是人体细胞的十多倍。十倍！你的鼻子就是三种以上细菌的栖身之所。你的耳朵上也生长着专门的细菌。你的消化系统也是这样——大约有 1000 种不同的细菌在你的消化系统中安居着。它们就是你体内的微生物群落。

组成这个微生物群落的细菌，和你一样是活生生的。但和你不一样的是，它们都只有一个细胞。它们是如此渺小，如果你把 1000 个细菌排成一排，也只要一块橡皮就足以容下它们了。你的体内有非常多的细菌，如果你能把你体内所有的细菌收集在一起，放在一杆秤上，它们的重量是 3~4 磅（1.36~1.81 千克），差不多和一只吉娃娃茶杯犬等重。先不要恐慌，你要知道：正是在这支殖民大军的帮助下，你的皮肤才没有裂开，你的免疫系统才能对抗其他种类的细菌，你的身体才能消化你午饭时吃下的三明治，并且让你吸收芝麻菜沙拉中的营养。[38]

还有比这更酷的事呢：世间没有两个人的细菌组成是一模一样的。属于你的微生物群落，也就是说，你个人拥有的微生物组合，是独一无二、专属于你的。

你是如何获得你的专属细菌的

你的消化系统中遍布着细菌，它们也被称作肠道菌群。我们之前已讨论过，肠道菌群是样好东西。它们已经陪伴你很久很久了，在你来到这个世界之前，它们就已经陪伴在你的身边了。

但当你还是你妈妈肚子里的一块肉时，你的体内是没有细菌的。你不需要细菌，因为那时候你不需要消化，所有的营养成分都是妈妈直接提供给你的。

我从玛利亚·葛罗瑞娅·多明戈贝罗博士——一名纽约大学的科学家和研究者——那儿了解到，如果你是通过阴道分娩出生的，那么你的第一批消化细菌直接来自你的母体；如果你是通过剖腹产出生的，那么你的第一批微生物来自给你接生的人，以及你当时所处的环境。这些微生物在你体内的生长繁殖还受到喂养方式的影响，你是用母乳喂养的，还是用奶瓶喂养的？两种情况是截然不同的。

随着你慢慢长大、吃下更多的食物、遇见更多的人、去过更多的地方，你的专属微生物会随着你的生活、随着你的生活方式而成长，并做出相应改变。到你两岁半时，你的肠道菌群就发展得和成人的非常相似了。[39]

目前你体内存在的微生物受一系列因素的影响：你从母体中得到的细菌、你现在的生活环境、你目前面临的压力，等等。它也受到你所摄入的食物的影响，比如你吃下的是天然食品还是充斥着防腐剂的食品，还有你吃下的食物中是否存在抗生素或生长激素这些污染物质，这些污染物质来自牛或其他传统方式饲养的牲畜。

以下这个问题值得你考虑：你的肠道菌群能够繁殖壮大，也能够被消耗殆尽。我们关注这个问题，是因为你消化系统中的细菌健康与否，与你整体的健康与否直接相关。研究已经证明，你的消化道健康和你的免疫系统健康密切相关：事实上，你的肠道对你的免疫系统的影响之大，超过你身体的其他组成部分。一个健康的消化道是你抵抗侵入你身体的各种致病有机体的主要武器。这就是为什么你的消化系统——包括你的肠道菌群——如此重要。

关于抗生素的问题

有些细菌——比如引起链球菌性喉炎的细菌——会让你生病。你很可能知道这一点。但还有一点很可能是你不知道的：在你没有生病时，那种细菌也存在于你的体内。细菌是否会让你生病，并不取决于它们是否存在于你的体内，而取决于其他一系列因素，比如你是否健康、你的免疫系统是否强大，以及入侵的菌种是否强大。像不像一场战争？在某种程度上，这就是一场战争——一场外来的、具有潜在危险性的细菌和你体内常驻的、保护你的细菌之间的战争，你体内的细菌正是你的免疫系统对入侵细菌做出的反应。[40]

当你的身体被外来致病细菌攻陷时，医生常常会给你开一些抗生素。你是否得过中耳炎或其他需要服用抗生素的疾病？抗生素在希腊语中的原意是"反抗生命"，抗生素的作用是杀死活着的有机体——细菌——它们让你得病。但抗生素还没有进化到能够自动执行搜索—销毁程序、自动查杀那些坏家伙的程度——它们会杀死挡道的所有细菌，无论是有益细菌还是有害细菌。

如果肠道菌群中的所有有益细菌都被消灭了的话，你的肠道就失去了这支重要的殖民军队。一剂抗生素通常会带来一些不良的副作用——消化不良、腹泻或酵母菌感染等。

我曾经和纽约大学人类微生物项目的负责人马丁·布拉斯博士聊过，他跟我解释了许多关于肠道菌群的事，关于它们对我的健康是多么重要，关于科学家正在努力工作、试图了解关于肠道菌群的更多秘密，等等。从他那儿我了解到，哪怕我坚持多年不吃抗生素，如果我吃下大量红肉，我仍然会受到抗生素的副作用的影响，因为母牛注射了抗生素！我之所以选择食用人道饲养的草饲牛肉，这也是一个原因。

喂盘尼西林的母牛 [41]

在过去的数十年中，很多家禽养殖商给牛喂小剂量的抗生素，因为抗生素能防止它们生病，而且抗生素还有一个奇怪的作用，就是能让它们生长得更快、体重增加得更快。如今，科学家们正在研究，这种情况为何会发生，以及抗生素和肥胖症究竟有何关联。[42]

但抗生素有时真的对人体有益——有时你真的非常非常需要它们——但你不能一打喷嚏就找医生开药，你不能形成那样的习惯。当你体内的有益菌群被消灭殆尽时，你罹患其他疾病的风险也就增加了，并且这将会给你的免疫系统带来更多挑战，令你的免疫系统无法担负起保护你的健康的职责；此外，这也给消化细菌吸收营养、让你保持健康带来了更多挑战。

关于防腐剂的问题

你知道除了抗生素以外，还有什么东西会杀死有益细菌吗？是那些充满了防腐剂的加工食品。商家在加工食品中放入防腐剂的目的是：消灭细菌并防止食物变质。但当这些防腐剂进入你的消化系统时，它们就会杀死肠道中我们赖以生存的有益细菌。如果食用新鲜、天然的食品，就不会接触到防腐剂了！

你的一生中为了抵抗疾病服下的抗生素、充满防腐剂的加工食品、注射了抗生素的肉类——所有这些东西累积起来，齐心协力破坏着你消化系统中的有益细菌，而现在你已经明白，这些有益细菌是你最好的朋友。连续服用 10 天的抗生素，对你的体内环境将产生重大影响。但是少量抗生素的日积月累——从商业化饲养的牲畜到满含防腐剂的小饼干，也将对你的健康产生重大影响。

为了健康摄入细菌

如果说我们的肠道菌群会遭到抗生素的破坏，它们也能通过益生菌得到补给。在我们以益生菌的形式摄入健康细菌时，我们能够帮助肠道取得有益细菌的平衡。除了增强免疫、抵抗疾病以外，有些益生菌中的细菌，比如婴儿双歧杆菌，对预防肠道易激综合征等消化问题有益。[43]

一些天然发酵的食品，是人类数千年来的益生菌来源。

人类食用酸奶已经有 6000 年的历史了，而酸奶正是益生菌的一大来源（古代的美索不达米亚人是多么深谙肠道保健之道啊）；罗马古书籍中提到了酸白菜，酸白菜是将白菜发酵后腌制而成的；韩国泡菜，一种发酵而成的辣白菜，一向是韩国民众的主食。事实上，酸白菜在传统韩式饮食中处于核心地位，许多韩国家庭都会将泡菜坛埋在后院中，自己发酵腌制韩国泡菜。梅干是一种日本酸梅，日本人将它们就着饭吃，给食物添上一种咸咸的、酸酸的口感，而且它还有助于消化。

大约在 100 年前，科学家开始关注这些饮食传统中蕴含的智慧。你有没有注意到，人类正是靠着天然食物生存至今，这些天然食物中富含各种营养，还含有其他好东西，比如细菌。在过去，没有人用显微镜去了解为什么；他们就是知道，食用他们所选择的食物，能帮助他们生存下来。反而是现在，随着我们渐渐远离健康天然的生活方式，我们才需要如此费劲地去了解天然食物的价值，并且琢磨着怎样才能让它们重新回到我们的餐盘中。

20 世纪早期，当美国人刚刚开始爱上那些经过加工的、大批量生产的方便食品时，一名叫艾利·梅奇尼科夫的俄罗斯科学家已经开始着手研究肠道细菌了。生活在巴黎的梅奇尼科夫，深信细菌就是青春的源泉。当时，人们对肠道细菌存在着两种认识上的分歧：一部分人认为，肠道细菌对消化过程起着关键作用；而另一部分人认为，肠道细菌对人体有害。梅奇尼科夫注意到，生活在巴尔干半岛的人们，一生中喝下了大量酸奶，他们活到 80 多岁仍然很健康，于是他开始试着喝酸奶。很快他的朋友们也喝起了酸奶，然后是朋友的朋友，最后，酸奶成了当时巴黎的健康风尚。一些医生甚至将酸奶当作药方，用酸奶辅助治疗多种疾病。梅奇尼科夫是幸运的——酸奶不仅改善了他的身体健康，还让他获得了 1908 年的诺贝尔奖。[44]

现在，世界卫生组织将益生菌定义为："一种活性微生物，适量的益生菌有益于宿主的健康。"科学家们排起长队，竞相研究这些细菌对人体究竟多有益、多少数量的益生菌能让人体健康发挥最佳状态（他们希望能弄清该如何利用所有这些细菌——食物中的细菌、人体消化系统中的细菌、我们皮肤上的细菌，从而为一些特殊的健康问题找到治疗方法）。

说到为了健康而吃细菌，益生菌现在大红大紫。它们不再像过去一样，只出现在专卖健康食品的商店中，被装在一个个小瓶子里出售；而今，几乎每家店铺中都能看到它们的身影。在药店和食品店的货架上，摆放着一大堆这样的食品、饮料和药丸，它们的标签上都信誓旦旦地写着：你只要咬一口或喝一口这种发酵食品，就能给健康带来无尽好处。不过你可别对这些细菌强化产品抱有太高的期待，你该仔细检查一下它们的标签。因为科学界对益生菌的研究尚处于起步阶段。在哪些种类的益生菌对人体最有益这个问题上，科学家们至今莫衷一是——所以你该自己认真做一下功课。你该仔细阅读酸奶上的标签。保加利亚乳杆菌和嗜热链球菌是制作酸奶的极佳原料，但你胃中的高酸性物质和胆汁会将它们分解，让它们无法产生任何"晕轮效应"。[45] 嗜酸乳杆菌和双歧乳杆菌可能是你更好的选择，因为它们能在你胃中的高酸环境中生存很长一段时间，并对人体健康立下汗马功劳。

我自己选择的是一种益生菌谷物饮料，它带给我的是 500 亿个嗜酸乳杆菌和干酪乳杆菌。[46] 我经常食用益生菌，我感觉棒极了，因为我觉得我正在帮助自己获得健康的体魄。

PART TWO

健 康 篇

强 健 的 体 魄

FITNESS

The Body Wants to Be Strong

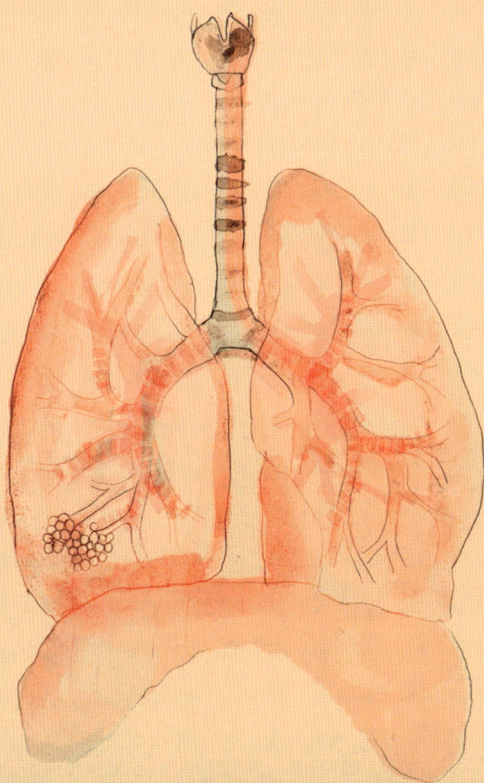

CHAPTER 14 | 你的身体
渴望变得强健

我有个好消息要告诉你：你渴望拥有健康的体魄、美丽的身材，你的身体也渴望自己能健康、强健、美丽。你的身体具有让自己强壮有力、迅速恢复活力的本能。自然界赋予你一副肢体的目的是，让你强健、能干，这样你才能繁衍出更多强健、能干的后代，因为自然界希望人类能生存下去。你可以想一想：如果某种生物不够健康、强健，它的种群就会在数量上减少。这就是适者生存的原理。

我们现代人是幸运的——和我们的祖先不同，即使我们由于身体虚弱或没有吃饱吃好而不能快跑，在周围的暗影中也不会潜伏着一头狮子。但是自然界中还存在许多东西，它们眼巴巴地等着我们变虚弱，然后它们可以乘虚而入，比如说疾病——各种各样的疾病。有些病毒希望将人体作为宿主，比如那些引起流感、麻疹、埃博拉等疾病的病毒；还有一些有害细菌，比如沙门氏菌、链球菌（它会引起脓毒性咽喉炎），它们搭上了你这趟顺风车，你将带它们遇到下一任倒霉的受害者。还有一些疾病该由我们自己负责，比如2型糖尿病和心脏病，这些疾病是我们的饮食和生活方式的直接衍生物。我们不是在刻意地塑造强健的身体，用它来抵抗各种病毒、细菌和慢性疾病，而是在不知不觉中塑造一个虚弱、容易生病、等着发生短路的身体。大体上说，如果我们不注意营养和健身，我们就和一个个会走路的定时炸弹无异。

如果你生活在这样的一个世界中——为了生存，你必须奋力飞奔，才能躲开狮子的攻击；为了获得食物，你必须外出打猎；为了建造自己的家园、挖好做饭的火坑，你必须徒手搬运很重的东西，不能利用别的工具——那么除非你身强力壮，否则你必死无疑。但是你并没有生活在这样一个一天到晚需要使用蛮力的世界中。在你生活的世界中，你可以轻轻松松地开车前往汽车餐厅，整日窝在椅子中工作，坐在电视机前的沙发上度过晚上，然后爬到你舒适的床铺中呼呼大睡。哪怕你每天的工作很辛苦，这种生活方式日复一日，也会让你的身体脆弱起来。脆弱就是现代杀手，它就是热带大草原上的那头雄狮（说实话，还是狮子相对好些，至少狮子会赶着你不停地奔跑）。

我们每个人的身体都具有运动、活动的本能。当然，如果我们希望自己的身体能够愈合和修复，在劳累后进行休息、获取充足的睡眠，也是非常关键的。但我们命中注定应该每晚休息 8 个小时，而不是每天休息 20 个小时！

我们每个人的身体都具有运动、活动的本能。当然，如果我们希望自己的身体能够愈合和修复，在劳累后进行休息、获取充足的睡眠，也是非常关键的。但我们命中注定应该每晚休息 8 个小时，而不是每天休息 20 个小时！

如果你没有养成经常活动的习惯，你就很有可能会罹患一系列疾病。

如果你只是稍微运动运动，这些疾病很有可能就不会出现了。你该每天活动身体，在白天不断活动。活动是你身体的本能，因为它对维系身体健康至关重要。

便利的不便之处

工作也好，玩耍也好，人类已经堕入了一个不良的习惯中：相比从前，我们进行的活动大大减少了。在过去的 100 年中，随着一个又一个十年的过去，随着一次又一次的技术革新，我们已经摆脱了体力劳动的沉重负担。

就拿洗衣服这么简单的事情来说。在 20 世纪 50 年代后期，人类发明了洗衣机，洗衣服这个差事才变得简单起来。在这之前，你得拿一个木盆，在里面放上水，你得不停用手搓洗衣服，然后手工漂洗干净。由于那时的脱水机不太好用，你还得把洗好的衣服挂到晾衣绳上晾干；在这之前，你得走到小溪边，在凹凸不平的搓衣板上，把衣服搓洗干净，然后在冷冰冰的溪水中漂洗干净衣服，拧干衣服中的水，然后晾干；而在这之前，你得在岩石上搓洗衣服，用沙子擦掉衣服中的污渍，然后放在溪水中漂洗干净，拧干然后晾晒衣服。你明白我的意思了吗？

在从前，没有什么事情是便利的，人们必须徒手完成我们今天借助各种机器完成的工作。你有没有试过手洗牛仔裤？你当然没有试过。你有洗衣机，它会给你洗牛仔裤。如果我们能利用这些机器替我们省下的时间，去跑步、爬山或者跳舞，那么我们可以说，这些机器非常方便。可我们没有这么做，在我们不再从事这些需要我们不断活动身体的、日复一日的体力劳动后，我们以久坐不动取代了这些大有裨益的活动。

不知从何时开始，我们开始相信，如果劳动越少、空闲越多，我们的生活就越美好。

在人们使用搓衣板而不是洗衣机、走路而不是驾车、走楼梯而不是坐电梯、从井中打水而不是从水龙头中接水时，是不需要去健身房锻炼身体的，因为我们一直在活动。这些活动会消耗我们摄入体内的能量和营养物质，并形成做这些事所必需的肌肉，并让我们的身体拥有力量。但不知从何时开始，我们开始相信，如果劳动越少、空闲越多，我们的生活就越美好。无论在家中还是在工作场所，我们坐得越来越多，动得越来越少，这种状态正在消极影响着我们的健康。

我们所有的新玩具

也许你早就把很多现代生活的便利品，当作了理所当然的东西。谁能想象一个没有自动柜员机的世界？这说明，在过去的数十年间，发生了多么飞快的变化！我们娱乐消遣的方式发生了变化；我们获取信息的方式发生了变化；我们和别人交流的方式发生了变化。最重要的是，我们照顾自己的身体、为自己准备食物的方式，发生了天翻地覆的巨大变化。

当然，我们的生活方式发生变化，这点并不让人吃惊。在我们必须不断活动才能生存下来的年代，我们只能不断活动。现在，很多和生存相关的事情、很多消遣娱乐活动，都只需要按下一个按钮就行了。按下按钮，音乐声响起了，电视打开了，洗衣机启动了，洗碗机开动了，垃圾房的门打开了。但是并没有一个按钮，可以替代过去那些有益我们身心的活动。

喜欢久坐的社会

一组来自三所大学的科学家，调查研究了这种全民减速对我们的长期影响。首先，他们调查了从 1960 年到 2008 年，人们在工作中所付出的体力劳动发生了何种变化。[47] 然后，他们研究了从 1965 年到 2010 年，人们照料一个家庭所付出的劳动发生了何种变化，特别是，人们在家中从事诸如做饭、洗碗、洗衣服这些家务时，所需的精力发生了何种变化。[48]

我们刚才已经描述过，在家用电器发明出来以前，做家务需要多干许多费力气的粗活。那么工作时又是怎样的情况呢？各位女士，你有没有在 20 世纪 60 年代的时候上过班？当时在私营企业中，能够提供给你的接近半数的工作，都需要你经常性地活动身体。现在只有 20% 的工作，需要你经常性地活动身体。在过去，我们上班时要走动、搬运、提物、建造、制造；现在，我们只需要打字、发短信、发电邮、发即时消息、打电话。机器承担了大量原本需要我们付出汗水的工作。根据他们所做的第一项研究，这一转变——工作不再需要我们站着，而是需要我们坐着——和美国人最近半个世纪来的体重增长直接相关。随着新兴技术的发展，以后的工作不太可能需要我们比现在动得更多，因此，研究指出，在工作之外多做运动、活动筋骨是非常重要的。

他们的第二项研究发现，随着妇女做家务的时间减少，她们罹患糖尿病的比率上升了。你可以想一想——在我们祖母那一代人中，有多少人会在 30 多岁、40 多岁时就体重超标或得糖尿病？她们非常忙碌，她们忙着伏在地上种番茄，或者把笨重的胡佛吸尘器推来转去，或者花上好几个小时给家人做饭。这些工作都很辛苦！

1950s:

美国家庭已全部通电；
许多家庭拥有了冰箱、
洗衣机、咖啡机、吸尘器；
发明了世界上第一代电视遥控
器"懒骨头"。

1960s:

既然你能用崭新的
卡型盒式录音机听音乐，
为何还要去音乐会呢？
既然电脑游戏刚被发明出来，
为何还要去打棒球？

1970s:

有了食品加工机后，
准备食物容易多了。
有了录像机后，
看电影容易多了——
不需要再去电影院，
只需要按下播放按钮。

1980s:

人人都用上了电脑！
IBM 个人计算机；
苹果麦金塔电脑；
第一代 3-D 视频游戏；
高清电视。

1990s:

随着互联网的出现，
再没有必要去图书馆，
再没有必要结识朋友了；
有了 DVD 和网络电视后，
在家看电影变得更容易了。

2000s:

这一时刻终于到来了——
不需要离开沙发，
就能得到我们想要的一切！
iPod 中存着你所有的音乐；
YouTube 让你能看视频；
机器人给地板吸尘；
网络让你能够足不出户地
订餐，买食品、药品、衣服；
你不必登门拜访，
只需通过社交媒体，
就能追踪朋友们的一举一动。

我并不是建议，我们该拖地拖到肌肉酸疼。就不需要拿块石头在河水中洗牛仔裤这点来看，我还是很喜欢现代生活的便利的。但更重要的是，我们应该意识到现代的便利观点，已经渗透到了生活中的方方面面。我们错误地理解了便利，导致我们不再从事那些虽然辛苦却对我们健康有益的日常活动。我们在滥用我们给予自己的特权。

欢迎来参加实验

不爱活动的生活方式给我们带来了不少危险。在大约 10 年前，我们还没有充分意识到这一点。那时候我们不明白，如果长期贪图那些所谓的便利，对我们将意味着什么；现在我们才开始明白——是肥胖症和各种疾病的发生率急剧上升这一可怕事实让我们睁开了眼睛。从本质上说，我们都置身于一个规模超大的实验中，地球是这项实验的培养皿，而我们才刚刚开始认识到，我们做出的选择，也许不能引导我们朝着最有利的方向前进。我们正在发挥我们的天赋和创造力，让人类变得更脆弱无力、更易生病，而不是更强健、更优秀；让人类变得更懒惰，而不是更苗条。这样可不太妙。

从本质上说，我们都置身于一个规模超大的实验中，地球是这项实验的培养皿，而我们才刚刚开始认识到，我们做出的选择，也许并不能引导我们朝着最有利的方向前进。

没错，乍一看，我们只要动动手指头，就能得到想要的一切，这的确是太棒了。只要动动手指，你就能转换电视频道、预订你的午餐、打电话给妈妈、给好友发短信，与此同时，顺便录下其他四个你想看的节目，这真是太神奇了！我们将科技纳入我们的生活的速度，以指数级上升。那些发明渗透到我们生活中的方方面面，比我们实际能用上的多得多。

　　这的确是一个奇迹，而且便利确实给我们带来了诸多好处。但我们的肌肉和骨骼并没有得益于这些便利，我们的心肺和大脑也没有得益于这些便利。我们的身体构造，和我们钻木取火的时候几乎一模一样。我们身体的一切都没有改变，但是我们所生活的世界却变了！这是一个大问题。

　　一些我们甚至完全没有意识到的不良习惯，正在让我们得病，这一过程是缓慢的，但也是必然的。如果我们想要活得有滋有味，而不是勉强生存下来，我们就得认识到锻炼、流汗和运动的价值。我们的身体需要这些运动和锻炼，但我们却常常对它们避之犹恐不及。便利并不是这个社会应该接受的基本价值，便利是一种流行病。

　　当我们把牛仔裤扔进洗衣机和脱水机中时，我们省下了不少精力。我们应该通过跑步和徒步旅行消耗这些精力，而不是在久坐不动、看东看西的过程中，浪费这些精力。

　　如果我们想要生存下来，我们就必须进行锻炼。

随时随地进行锻炼

　　锻炼——活动你的身体、消耗你的能量、绷紧你的肌肉，目标是让自己出一身大汗——如果你知道该怎么做，那就很容易进行下去。你在任何地方都能进行身体锻炼！我常常寻思，在我的日常生活中，如何能见缝插针地增加一些锻炼，再多用一点儿力气，动作再快一点儿。以下是一些让你增加运动量的小点子：

· **能走路就走路。**如果你必须开车，就停得离目的地稍远一点儿。在办公室中，站起身来去同事的办公室，而不是通过电子邮件和同事联系。主动为同事买午餐。你走动得越多，你得到的锻炼就越多。

· **走楼梯。**如果能跑上楼梯，就更棒了！你也可以慢慢地走，专注于脚下的每一级楼梯。在你爬楼梯时，收紧你的臀部和大腿，让它们真正得到锻炼。因为只要你收缩肌肉，就意味着你在锻炼。

· **同时做几件事。**当你站在厨房中等着吐司做好时，为何不用手撑着厨房的流理台，站着做几个俯卧撑？你可以这么做：

1. 面向流理台站着。

2. 把双手放在流理台上，两手之间的距离比肩膀略宽。向后退几步，直到你全身的重量都压在了你的手臂和双手上。然后将你的手臂弯向肘部，让你的胸部更加靠近台面，挺直你的身体，别让肚子凸出来，让双腿保持直线。让你的胸部尽可能地靠近柜台，然后向后撑去，伸直肘部。连续把这套动作做 10 次以上，或者能做多少次就做多少次，直到你觉得你到达极限了为止。

· **看电视时不要坐着一动不动。**在地板上站起来然后再坐下，这也是一种锻炼，这样你就能一边看着自己最喜欢的节目，一边通过不断站起和坐下得到锻炼：

1. 坐在地板上，伸直双腿，伸手触摸自己的脚趾，数到三，然后站起来，伸手触摸自己的头部，数到三，然后再坐下，如此重复。

2. 连续这样做20分钟，能加快站起、坐下的速度，就尽量加快，让你的心率更快。

· **传统的分腿跳练习。**这是一种很好的锻炼方式，除了你脚下的地板外，不需要借助别的工具了。我们都知道怎么分腿跳，我就不赘述细节了。试着在一天中做上20个，让你的心脏功能得到一点儿锻炼。

身体更强壮，心灵更强大

在我运动时，我感到心情愉快、头脑清晰、充满活力、生机勃勃、精力充沛、强大有力。我感觉良好。我感觉这就是我。

最近，我经常和一个人通电话，他提出的计划，我听上去觉得很可怕。他说话咄咄逼人，让我很生气，并且很有压力。

"所以呢？"那个人不断问我，"你想怎么办？"

我不想说出日后会让我后悔的话，所以我决定先按下暂停键。

"我一会儿打给你。"我说。

然后我就挂了电话，穿上运动鞋，踏上椭圆机。我有点儿出汗了。我把此刻我身体需要的东西给了它——体育锻炼，而不是情绪压力和心理压力。

就这样，我的压力消失得无影无踪。在运动流汗的过程中，我理清了思维、释放了压力，并弄明白了我想做什么，因为我的身体运动过了，内啡肽——让我快乐的激素——从我的体内释放了出来。在我锻炼身体短短 30 分钟的有氧运动，能让你更长寿。如果你不经常锻炼，你应该将锻炼加入你的日程安排中。尝试一下吧！如果在早上你无法腾出 30 分钟的时间，你可以挤出 15 分钟，然后在晚上再挤出 15 分钟来。或者将 30 分钟一分为三，每次锻炼 10 分钟。纽约大学斯坦哈特营养学院的教授、健身专家和营养学家凯萨琳·伍尔夫认为，锻炼能马上见效，而且锻炼的益处将随着时间流逝不断显现出来。

锻炼后几秒钟内	1 小时后	当天晚上
·心率加快 ·血液被传输到肌肉中 ·开始消耗碳水化合物和脂肪，为身体提供养料 ·情绪几乎立刻高涨 ·呼吸更快更深，能让肌肉获得更多氧气	·免疫系统得到加强 ·情绪继续高涨 ·人体继续以更快的速度消耗能源（新陈代谢加快）	·肌肉修复并重塑 ·血脂（胆固醇、甘油三酯）升高 ·肌体能更快地将葡萄糖清出血液，预防心脏病和糖尿病 ·感觉敏锐集中 ·睡眠质量提高

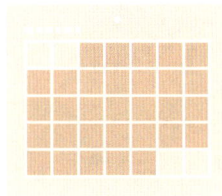

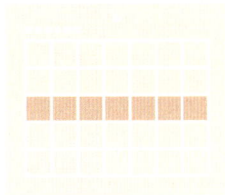

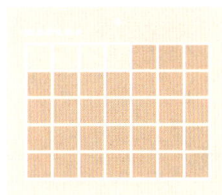

1 星期后

· 你的耐力和有氧适能提高（你能比以前走得更多、更快）

· 免疫系统更强大，情绪更良好，血压更低，令肌体受益匪浅

3～6 个月以后

· 心脏和肺更加健康

· 休息时心率更低，锻炼后恢复得更快

· 肌肉增多，肌肉力量增强

· 体内脂肪减少

· 罹患糖尿病、心脏病、癌症和骨质疏松症的风险降低

· 精神抑郁、焦虑、紧张的风险降低

· 整体生活质量提高

后，我又能自由呼吸了，我不再压力重重了，我能以完全不同的方式来处理问题了；不仅我的言语，连我的感觉都变得和之前不同了。

如果我没有中途挂了电话、进行一番锻炼，我的处理方式可能会完全不同，那么最后的结果也不会像现在这样对我有利。

当你活动起来后，你的心跳加速，你感到很振奋，激动，你感觉自己真正活着。锻炼结束后，你的肌体感到酸痛，这种酸痛是如此神奇，让你知道你真的锻炼过了。你的头脑更机智，你的感觉更敏锐，就是这样的感觉，让你觉得这一天很美好。

这就是锻炼的力量。它会让你的身体更加强壮，让你的心脏更加强健，让你的大脑更加强大，让你的意志更加坚强，就在今天，就在现在，就在你每次站起来做运动的时候！

CHAPTER 15 | 运动的魔力

生命在于运动。运动并不仅仅是从 A 点来到 B 点，而是享受这一旅程。想象一下这样的场景：一名舞者轻盈地跃过舞台；一个孩子在田野上欢快地奔跑；一名体操运动员在空中腾跃……运动充满魔力。在我们运动时，我们就和那名舞者一样，化身为羚羊；我们就像那名奔跑的孩子一样，化身为猎豹；我们就像那名体操运动员一样，在那一瞬间摆脱了地心引力，尽管我们最后还是要降落在地面上。在我们运动时，我们就展现了自己的本性——思维成了第二位，你能想到的一切，都是你的身体带给你的感觉。

奥运竞技场上的优雅和荣光是否让你备受鼓舞？足球赛场上迸发的原始能量，是否会让你热血沸腾？哪怕只是观看别人运动，也能让我们和我们的身体连通。不是非得成为奥运会选手，你才能溜冰、摔跤或跳高；不是非得回到 5 岁，你才能知道，开心地飞奔过一片田野，究竟是什么样的感觉。

运动是每一个人类个体应尽的责任，而不仅仅是舞蹈家、体育明星、孩子们或者奥运会选手的专利。你应该拥抱运动、投身运动，让运动成为你生活的一部分。因为运动能把一个平凡的星期一，转变成非凡的一周之始。运动能让你在星期二探索，在星期三探险，在星期四尝到成功的滋味，在星期五凯旋。

无论你怎样利用、支配自己的时间，争取运动的权利，就和争取你的自由一样重要。

我如何发现了运动的快乐

在我还小的时候，我不喜欢我的身体。那时的我皮包骨头，全身似乎只有瘦弱的手臂和双腿。我真的非常瘦，其他的小孩们因此都不太喜欢我。我讨厌自己那么纤瘦。被人家嘲笑的感觉真是糟透了，不管人家嘲笑你的原因是什么，不管你是谁。我有许多闺密，她们费尽力气地控制着自己的体重。作为年轻的姑娘，她们都会对别的姑娘比自己苗条耿耿于怀。能瘦成一道闪电是她们的梦想。可我却处在另一个极端：我希望我能拥有曲线，那梦寐以求的、迷人多姿的曲线。无论是太过苗条还是太过肥胖，被人取笑总会留下心理伤疤。

在我20多岁时，我已经习惯于自己骨瘦如柴的模样，我从来不去考虑，该如何照顾自己的身体。虽然我吃得很多，但体重根本不会增加，因此我认为，我不需要运动健身。

我那时26岁，刚刚戒了烟。我的饮食习惯很差。我没有什么力气。

然后我开始拍摄《霹雳娇娃》。那时是秋天，德鲁·巴里摩尔和我，为了饰演片中角色去接受培训（刘玉玲还没有来，因为她当时还没有拍完另一部电影）。那时，袁祥仁是我们的武术指导。当时他和我们的其他培训师都在现场。我们非常激动，激动极了！

我们对之后会发生的一切一无所知。

袁祥仁开始说话，口译员为我们做翻译。

"今天，"他说道，"我要为你们介绍新朋友。你们会渐渐喜欢你们的新朋友，你们会一直和他在一起。你们会重视他，他会成为你们生活的一部分。"

我们都非常兴奋。我们大眼瞪小眼，好像在说，这个人会是谁呢?

袁祥仁接着说道："你们的新朋友是疼痛。"

我看着德鲁，德鲁看着我，我们一起看着袁祥仁，然后我们又互相对视，我们都琢磨着，他刚才说的是疼痛吗?

"你们没有听错，"袁祥仁说道，"我说的就是疼痛，你们会学会爱上疼痛。"

然后他解释道，他会让我们承受非常多的疼痛，我们会痛得连东西都看不清楚。他并不是在开玩笑。在接下来的3个月中，我们进行的体育锻炼是如此密集、如此疼痛——它们几乎让我在肢体上、在情绪上、在精神上成了另外一个人。我应该感谢我的老师，我被逼着了解到，我的身体能有什么作为。我被逼着让我的身体比从前承受更多。在这个过程中，我明白了：痛苦只是暂时的，而力量却能持久。我被逼着生出了力气，而这正是我的身体一向梦寐以求的。

我比以前更强壮了，这让我觉得我比以前更强大了、更能干了，好像我无所不能一样。我有生以来第一次了解到，和自己的身体连通，意味着什么。

在训练的第一周，我以为我会累死。在训练的最后阶段，我觉得自己成了超级英雄。我比以前更强壮了，这让我觉得比以前更强大、更能干了，好像我无所不能一样。我有生以来第一次了解到，和自己的身体连通，意味着什么。那骨瘦如柴的身体，那让我感到羞耻不已、想要将

它抛弃的身体，我渴望能拥有丰满曲线的身体，原来是那样强健有力。而这强健有力的身体，竟然是我的！

这段经历——学会连通自己的身体、爱上自己的身体，并真正居住在自己的身体内的经历——成了我日后处理所有事情的根基。所有的事情——我的职业生涯，我和家人的相处之道，我和自己的相处之道。我每天都会露面，无论发生什么事，我都会露面。就算我不想露面，我还是会露面。在这一过程中，我养成了纪律——我知道，现在只要我下决心去做的事，就一定能做到。

我希望你也能明白，只要那件事是你真正想做的，只要你下定决心，并且你的身体健康，你就一定能做到。此外，我还希望你能明白，只有饮食规律、多加锻炼，才能拥有健康的身体，而健康的身体将带你走向成功。

你的运动决定了你的状态

在营养层面，你的饮食决定你的状态。在健康层面，你的运动将决定你的状态。运动能塑造你的肌肉、增强你的心肺功能，让你的大脑更敏捷，让你的情绪更乐观。如果你一整天都在锻炼——我指的是，真正高强度的锻炼，那么在锻炼之后终于能够休息的时候，你会拥有最美妙的感觉。因为这样的休息是你通过锻炼，自己争取来的。如果你整天都在跑来跑去，那么当你终于坐在舒适的沙发上时，你会感觉自己飞升到了云端。但是如果你坐了一整天，此外什么事也没有做，你会觉得糟糕透了，不是吗？你会觉得你的身体比铅块还要重。

我每天都会动一动，因为如果我整天坐着，我会怀疑自己是不是生病了。如果我在床上躺了太久的时间，我会觉得自己真是生病了。因为对我来说，懒散并不能让我感觉奢侈或放纵……我会觉得自己昏头昏脑、无精打采、悲伤失意、情绪沮丧、无聊枯燥、疲乏无力、贪得无厌。

有时，在你坐着无所事事的时候，你的身体需要补充能量，你却误以为你饿了，去吃零食。其实你身体想要的是——运动。你的肌体从运动中获得能量。你的身体在说，我需要保持清醒，实际上它想要的是氧气。因为氧气能为你的身体、肌肉、韧带、肌腱、器官中的细胞提供能量。如果你没有为你的身体提供足够的氧气，就像没有给你的身体提供营养，让你的身体挨饿一样。

如果你白天经常觉得疲乏，有可能是因为你没有得到充足的睡眠，没有摄入充分的营养，没有喝下足够的水分，或者你的运动量不够。一晚优质的睡眠，再辅以良好的营养、充分的锻炼，绝对能让你精神焕发一整天。你是否经常打呵欠？如果你在大白天也打呵欠，你可以问问自己：

· 我已经一动不动地坐了多久了？

· 我是否喝下了充足的水分？

· 我吃下的食物有营养吗？

我只有在没有运动或者脱水的时候才会打呵欠。如果我前一天晚上睡得不错，我就知道，打呵欠说明我需要走动走动了，或者需要补充营养了，或者需要喝一大杯水了——或者这些我都需要！因为正像物理学之父艾萨克·牛顿所说，运动中的人体，会一直保持运动的状态。如果你经常运动，你就会精力充沛，而充沛的精力能让你继续运动下去。

人体的几种状态

人体有几种不同的状态：体育训练、经常活动和静坐不动。体育训练是指有计划地进行系统的锻炼，以塑造肌肉锻炼心血管系统。经常活动是指整天活动身体。静坐不动指的是，你进行的身体活动，根本没有达到身体所需。

如果你今天早上去过健身房了，你很有可能会这么想：我运动过了！我当然属于经常活动这一类！我在上班前已经跑 5 公里了！可事实是，就算你早上跑过步，如果余下的一天里，你都是在办公室的椅子上度过的，那你就没有你自己所认为的那样"经常活动"。

什么是静坐不动

坐在沙发上、在办公桌前工作，都属于静坐不动。任何时候，只要你是一直坐着，没有运动，没有给你的肌肉锻炼的机会，没有让你的心脏震动两下——你都处于静坐不动的状态。静坐不动会带来许多健康隐患，例如：

·**背部和肌肉拉伤：**如果你曾经在汽车里或者办公桌前度过一整天，你应该知道，连续坐好几个小时，会让肌腱紧绷、僵硬（肌肉更是如此），而紧绷的肌腱会让你工作起来分外吃力。

·**心脏病：**早期研究发现，需要坐着工作的人群——比如邮件分拣员——罹患心血管疾病的概率，比需要站着或需要走动的人群——比如送信员——更高。更可怕的是，静坐不动的时候，因突发心血管疾病而猝死的风险会大幅上升。

·**肥胖症和糖尿病：**一项对女护士进行的大型研究显示，看电视会导致罹患肥胖症和 2 型糖尿病的风险提高。[50]

中途穿插运动

我们不得不坐在汽车中，坐在桌前，坐在沙发上——这些都是不可避免的。关键是你得想想：你是否经常坐着，你连续坐了多久？最近，研究人员正在研究，如果坐着的时候，穿插短时间的低等强度和中等强度的体育运动，是否能促进健康。在实验中，研究人员要求志愿者在5小时的时间段中，让自己处于以下三种状态中的一种：

· 一直坐着，一动不动。
· 一直坐着，但每隔20分钟，进行2分钟的低等强度的体育运动。
· 一直坐着，但每隔20分钟，进行2分钟的中等强度的体育运动。

猜猜他们发现了什么？哪怕只是一天坐着不动，都可能给你的健康带来危险。5小时过去后，和中途穿插运动的两组相比，一直坐着一动不动的那组人群的血糖和胰岛素浓度更高。这就意味着，久坐不动会增加人们罹患糖尿病的风险。[51]

所以你应该试着减少坐着不动的时间。如果你必须坐着，那就在中途穿插一些运动！经常性运动和增加体育活动对你的健康一样重要。所以站起来，活动活动！每过20或30分钟离开电脑，活动活动；在你打电话时，站起来四下走走；在电视中播放广告时，离开沙发一会儿，爬爬楼梯或者跳跳舞。

什么是经常活动

切菜或做晚饭是活动；在小区中遛狗是活动；在商场中四下走动，寻找合适的鞋子是活动；在汽车或火车中站着，而不是坐着，也是活动。你该让自己的日常生活中，充满这样的活动。如果你做的是一份需要坐着的工作，在你能站起来走走的时候，就站起来走走。就像上面那项实验中所指出的，哪怕仅仅是站起来活动上两分钟，也能让你的健康指数和幸福指数大幅攀升。经常活动也要求你，每天除了工作外，对着屏幕的时间不该超过两个小时。如果你整天都在亮光闪闪的电脑屏幕前度过，那你就该在晚上活动活动，让你的眼睛和身体休息一下，而不是继续打字或者盯着屏幕。

我是这样让自己经常活动的：只要有机会，就站起来。如果我在片场，我会跑到旁边的工作室中去，而不是发短信和别人联系；如果我在机场，我就走楼梯，而不是乘坐电梯。只要是能让我活动筋骨的事，我都会去做。

什么是体育训练

如果你本着让自己的肌肉更强壮、让自己的心肺耐力更强大的目的，频繁地进行体育锻炼，你就是在进行体育训练。举例来说，举重训练能让你拥有结实的肌肉，让你的力气变得更大，还有益于保持骨质密度。心血管训练能让你的心率加快，对你的整个心血管系统都大有好处。因为如果你有一颗强健的心脏，它就能随着每一次跳动输出更多的血液，从而将氧气送到各个人体组织中，并更有效地将废物排出体外。心血管训练和力量训练还能降低人类罹患各种慢性疾病的风险。

在你进行体育训练时，你的身体会做出适应，以满足你的能量需求。因为相对于静坐不动，体育训练需要更多可用能量的集合。随着你的身体适应你的新安排，你就成了一台燃烧脂肪的机器。无论你的目标是减肥瘦身，还是完成三项全能，对所有正在进行体育锻炼的人来说，这都是个好消息。但只有持久、规律的体育训练，才能达到这一效果。

在你刚刚开始进行体育训练时，你的身体或许还不习惯这样经常性的训练，此时身体燃烧的主要能源是碳水化合物。当你体内的碳水化合物被用光，而你又缺乏葡萄糖时，你就会感到疲倦，那么很快你就会倒下。但是，如果你能坚持训练3个月以上，你的身体就会变得训练有素，它将学会减少对碳水化合物的依赖。一个受过训练的身体，更容易消耗体内所存储的脂肪。正如你所知，在我们体内并没有存储大量的碳水化合物，却存储着大量脂肪。对于正在进行体育训练的你来说，这有非常重要的意义，因为这样你的身体就能得到更多可利用的能量了。

谁都挤得出 10 分钟[52]

近期研究表明，每周 150 分钟的中等强度的运动，能降低心脏病和早逝的概率。这就是说，每周运动 5 天，每天运动 30 分钟——如果你愿意，可以将这 30 分钟分成小段。研究表明，哪怕是每天 3 次、每次 10 分钟的短时间锻炼，也有益于健康，并能降低罹患慢性疾病的风险。

人体对体育训练做出的适应，一直会深入细胞层面。细胞中的线粒体（人体细胞的发电机）将对体育训练做出反应。在你进行体育训练、减重时，你就赋予了你的骨骼肌更多的线粒体和线粒体酶。[53]这一改变，能让你更好地从身体中提取脂肪、燃烧脂肪并增长肌肉。

对运动员来说，得到储存在人体中的脂肪，意味着他们能够接受更久的训练，而不感到疲惫，因为他们的耐力增强了。实际上，受过良好训练的运动员，会在他们的肌肉中储存更多的脂肪，这样相比从腹部脂肪和臀部脂肪中提取养料，他们的身体就能更便捷地获得营养物质。如果你的肌肉中储存着脂肪，就能随时提取、使用，这就像在你的冰箱中储放着健康的零食一样。

对那些为了减肥瘦身而进行体育训练的人来说，这也是一个天大的好消息：当你的肌体开始燃烧脂肪时，不但能让你的体重减轻，还改变了你的身体构成——你体内的肌肉将增多，脂肪将减少（通常情况下能减少好几厘米厚的脂肪）。无论你的目标是什么——减肥瘦身也好，增强耐力也好——体育训练能帮助你的肌体燃烧脂肪，从而让你能去你想去的地方，无论你的目的是走过一个公园，还是爬上一座山峰。

坚持才是一切

不幸的是，这一美妙惊人的过程也可能会发生逆转。对于人类来说，通过努力达到目标，然后就在那一水平上坚持下来，是一个很大的挑战。因为，一旦你不再进行体育锻炼，你的身体就会知道，然后逆转这一过程。在你的体内，生成的酶类物质将减少，线粒体将减少，你不再能自如地燃烧脂肪。

如果你无法坚持体育训练，那么你之前付出的辛苦努力都会付之一炬。如果你希望能坚持下去，你必须照顾好自己，尽可能地增加锻炼量，但要在对自己造成伤害前及时收手。

持之以恒地进行锻炼，并不意味着你必须始终采用同一种方式、同一种强度来进行体育训练。我们的生活、我们的身体、我们所处的环境都会发生变化。我自己就是这样的，在过去的 15 年中，我尝试了多种不同的健身方法。

有时，我有一个特定的目标，我会进行高强度的体育锻炼。如果我即将开始一次单板滑雪之旅，我需要让我的整个身体充满力量，特别是我的股四头肌（腿部肌肉）和臀部肌肉。当我蹲伏在一块滑板上，以飞快的速度滑下山时，我希望我的肌肉具有很好的耐力，这样我才不会很快就感到疲倦。我需要强健的肌肉才能操控滑雪板。而且，我需要有健壮的身体，因为万一滑跌在地，只有强壮的肌肉，才能保护骨骼不受损伤。

但在大多数时间，我会坚持进行与我的日常生活相适应的体育锻炼。日常生活中有许多事要做，我希望自己有能力做这一切：无论是在机场拖行李（在坐了长时间的飞机后，这是一个非常棒的锻炼肌肉的办法），还是提行李袋或搬运木材，或是搬运、提携、举起、推动或者拉动任何东西。要做这一切，需要消耗不少能量。我喜欢和我的侄子侄女一起玩耍，我的身体要足够健康，才能跟得上他们。哪怕为朋友做饭也是一样，因为我得花费好几个小时切菜、炒菜，我需要足够的精力才能站着做完这一切。我也喜欢做家务活。除尘和拖地不仅仅对你家里的地板有好处，这些家务活对你的心脏和肌肉也大有裨益。所以，试着在日常生活中找到你必须做的家务活，好好利用这些家务活，让这些家务活给你的身体带来益处。

当然，我拖地板、擦柜子时所要用到的肌肉，和我为了拍摄有挑战性的特技动作所用到的肌肉，可不是同一码事。后者需要你做更多的举重练习！

我想说的是，我们的生活将会不断发生变化，因此在不同时期，我们需要不同种类的力量。但有件事必须一直坚持下去，那就是运动。对我自己来说，尽管维持固定的锻炼计划不太容易做到——甚至不可能做到，但我承诺自己，要每天坚持锻炼身体、进行体力劳动，无论我当天的日程安排中还有多少别的计划。就像无论我在城市中还是在乡间，我每天都会刷牙一样，我总是会找到办法，让自己每天都活动身体。

只有在你的肌体正在愈合伤口或者修复的时候，你才应该中断运动，因为某些损伤需要人体好好休息，才能顺利康复。但在通常情况下，你应该坚持运动，你什么时候都不该放弃运动。如果你能坚持上几年，你会发现你的持之以恒是值得的。

我已经坚持运动多年。如果在一段时间中，我只能每隔两天运动上20分钟，也无大碍。因为我知道，只要我的日程安排允许，我就会每天运动一个小时，把失去的锻炼时间补回来。还有就是，我经常提行李箱和购物袋！

让运动成为你的一部分。

你应当向自己做出承诺，无论发生了什么事，你都会坚持体力劳动或体育锻炼。你一旦开始运动，你就会意识到，你的生命中不能没有运动。没有什么比运动更真实，你的身体、你的大脑、你的心脏，还有你的幸福，都需要运动来维系。

让我们回忆起玩耍嬉戏的感觉

在我小的时候，我喜欢跑步、打垒球。我们经常在街上和其他孩子玩耍，无论白天还是黑夜。那时的我们非常好动。我们不会思考，在玩耍的过程中，我们燃烧了多少卡路里；也不会思考，打垒球和骑自行车哪种运动更能让我们的身体强壮起来。我们就是跑啊跑、跳啊跳，让自己大汗淋漓。只要不在学校上课，或不在家里做家务，我们就经常这样玩耍嬉戏，所以我们开心极了。就这样，我们小小的手臂和双腿越来越长、越来越壮，我们的肌肉因为不断锻炼而变得结实。不过和许多小时候喜欢玩耍的孩子一样，在我们长大成人后，我们就逐渐不玩那些了，最后这些玩乐消失得一干二净。我们不再玩耍嬉戏了。所以，如果你唯一的运动就是这些玩乐，那么随着你不再玩耍嬉戏——你就彻底没有运动了。

在我们长大成人后，我们没有时间玩耍嬉戏了。除非你所从事的工作需要许多体能，比如搬运箱子、搭建房屋，或者除非你整天跟在孩子身后跑——只有他们才知道什么是玩乐，你会眼睁睁地看着你的玩耍时光和你所有的运动——就这样消失了。在我们想到健身时，我们不会想到去玩耍嬉戏。我们想到的是在健身房中举重、在跑步机上跑步，或者聘请一名私人健身教练。在运动时，我们会想着消耗了多少卡路里、流了多少汗、花了多少时间。但这样的运动是不够的。如果你想成为一个健康的人，你一定要随时随地活动起来。你一定要回忆起，从前为了快乐而玩耍嬉戏时，带给你的是什么样的感觉。趁着你能活动，赶紧活动活动。因为，除非你知道该怎么运动——不是每天进行一次 45 分钟的运动，或者每周运动 3 次、每次运动 30 分钟，也不是只在周末运动，不是偶尔运动或从不运动，而是经常性地、频繁地做运动——除非你现在就知道该多多运动，否则随着年龄的增长，运动会让你觉得越来越不舒服、不轻松自如，运动会变得越来越有挑战性。

在我们小的时候，我们的肌体拥有很好的弹性。除非我们经常运动，让我们的肌体保持弹性，否则随着我们的一些不良生活习惯——比如总是单肩背重包，或者总是穿着高跟鞋走来走去，我们的肌肉就会萎缩、绷紧。运动能让你的肌肉更加柔韧，增强你的力量和灵活性。此外，在我们吃下优质食物后，我们的身体吸收养分的部分原因，也是为了运动。

下次，在你一想到去健身房就叹息连连时，你可以回忆一下，你小时候曾经喜欢过哪些运动。你不必选择那些让你觉得枯燥无趣的运动，你完全可以好好享受那些让你兴奋雀跃的活动。你小时候喜欢溜冰吗？那就和朋友们一起去溜冰场，或者借一双溜冰鞋到公园里去玩耍。你曾经骑着自行车一展雄风吗？到车库里把你那辆锈迹斑斑的自行车找出来，骑上它上路吧。回味一下你小时候的日子吧，那时的你本能地知道，玩耍嬉戏是使你精力充沛的最佳选择，所以回到那时候，运动起来吧。

CHAPTER 16 | 摄入的能量，
消耗的能量

你用于生存、呼吸和运动的一切能量，都来自碳水化合物、蛋白质和脂肪，而这些营养物质来自你所摄入的食物。正是这些能量，让你能够运动、思考、进行细胞修复。你体内发生的其他一切，也需要这些能量。这些日子来，我们高度关注能量的平衡——我们吸收的能量和我们消耗的能量应该达到平衡——换句话说，我们吃下的食物和我们进行的运动应该达到平衡。在人类历史的大部分时间中，这是一个自我平衡的、自动调节的过程——在激素的帮助下，人类个体的体重能够基本保持恒定不变。激素会告诉我们，什么时候我们饿了，什么时候我们吃饱了。激素也会告诉我们的身体，该在何时、何处，以何种方式储存脂肪，以备日后使用。而现在，由于我们能找到的低质量、高热量食品——比如，细粮和添加糖，还有最糟糕的含糖软饮料和运动饮料——迅猛增长，这一自我调节的过程被完全破坏了。鉴于我对所谓的热量（包括摄入的热量和消耗的热量）并不是太感冒，如果你也和我一样，我们的确应该关注这个平衡。因为，如果我们毫不顾惜自己的身体，大吃特吃加工食品，一动不动地坐上10个小时，那么我们的肌体就会失去调节体重、让体重保持在一个健康范围内的能力。

营养和运动之间的平衡，本质上是一个数学等式。你以卡路里的形式摄入体内的能量会加入到等式中，而你以体育活动的形式消耗的能量，将从等式中减去。体重增加，是因为你吸收的养料超过了你的身体当时的需要，所以你的肌体就将多余的养料以脂肪的形式储存起来，以备日后使用。体重减轻，是因为你的身体消耗的能量，比你吸收的能量更多，也就是说，你体内存储的能量被用光了，需要重新补充能量。

在理想的状态下，如果你的饮食不错，并经常锻炼身体，那么摄入的能量和消耗的能量几乎相当，你的体重就会恒定不变。

富含激素的人体

激素会影响人的情绪、睡眠模式、性能力和食欲，更会影响人的新陈代谢、体重，还有脂肪将被储存在体内哪个地方。其中一些重要激素（你的化学信使），将决定你的体重和身体构造：

胃饥饿素：刺激食欲的激素

胃分泌的胃饥饿素，是一种刺激食欲的激素。血液中胃饥饿素的浓度，会在进餐前升高，并在进餐后降低。如果一个人的体重减轻，将促使胃部分泌出更多的胃饥饿素，让人更有食欲，这样体重就不容易减轻了。肥胖人群体内胃饥饿素的浓度通常更高。

瘦素：降低食欲的激素

瘦素是脂肪细胞分泌的，它向大脑传达信息，从而降低食欲，并促进能量消耗。体内的脂肪越多，血液中的瘦素浓度越高。在理论上，多余的瘦素会引起体重减轻。不幸的是，超重和肥胖的人对瘦素并不敏感。还有一个因素也让情况变得更加复杂——在人的体重减轻时，瘦素的浓度会随之下降，因此很难令人的肌体维持较轻的体重。

雌激素：性激素

雌激素是卵巢分泌的，它影响着人体脂肪的分布。雌激素让育龄妇女在下半身储存更多的脂肪（"梨形身材"）。当女性到达更年期，雌激素的浓度会下降，人体脂肪的分布格局会随之发生变化，此时更多的脂肪会被储存在腹部（"苹果形身材"）。

皮质醇：压力激素

皮质醇是肾上腺分泌的，分泌皮质醇是人体对压力做出的反应。皮质醇帮助人体释放营养物质（比如葡萄糖、氨基酸、脂肪酸）来对抗应激源（比如疾病、损伤）。但通常情况下，来自情绪和精神上的压力，并不需要消耗额外的养料。高皮质醇浓度也会让腹部脂肪增加，而腹部脂肪和糖尿病、心脏病等疾病有着千丝万缕的联系。

那些能量都去了哪里

你的肌体主要通过三种方式消耗你摄入的能量：休息、进食和运动。

你有没有听到有些人抱怨说，他们新陈代谢的速度太慢了？很多人都认为，新陈代谢的快慢和燃烧热量的快慢正相关。可是我们体内的新陈代谢过程和能量转化过程，比他们想象中的复杂多了。新陈代谢并不是简单地燃烧热量，从而减轻体重。新陈代谢是关于肌体如何利用营养物质，让你生存下去。

所以请不要再把食物视作仇敌，别再认为食物引诱你的身体发胖；也别再认为，所谓体育锻炼就是让你的身体瘦下来的把戏。让我们关注一下，你体内的能量平衡，究竟是怎么一回事。

休息：哪怕在你休息的时候，你的肌体也要消耗能量。你体内 60% ~ 70% 的能量都被消耗在一些人体的基本生命活动上。在你认为自己什么都没做的时候，实际上你的肌体也非常忙碌，而这仅仅是为了让你生存下来。当你连思考都不再进行时，肌体消耗的能量是你的静息代谢率（或基本代谢率）。

新陈代谢本身也需要能量。静息代谢率为一切的新陈代谢过程——让你得以生存的、在你细胞中发生的化学反应——提供支持。维持体温、生成新的细胞、让心脏继续跳动、让血液继续循环、让肺吸气呼气——这些都需要能量，你的身体自主完成的一切其他活动，也都需要能量。

在你休息时，你的身体消耗能量的速率会受到许多因素的影响。你的肌肉越多，你休息时消耗的能量越多。年轻人的静息代谢率高于老年人。怀孕期或哺乳期妇女的静息代谢率，也比其他人更高。

如果你没有吃下足够的食物，你的静息代谢率将会减速，目的是保存能量。这就是为什么过度饱食或者吃得太少，会让你的身体感到疲倦、精神无法集中、思维无法澄清——因为你的身体和你的大脑都需要能量。（还记得我以前做模特时经常让自己挨饿的事吗？在我缺乏能量、饿着肚子忙碌奔波时，我就是我自己的僵尸版。现在我明白了，我会进入这种僵尸状态，是因为在得不到食物供给时，我的大脑无法运转！）

进食：在你的肌体消化、吸收、转移、加工和储存你所吃下的食物时，它需要消耗能量，这就是食物的热效应。通常情况下，食物热效应占你每日摄入总能量的 5%~10%。举例来说，如果你一天中摄入了 2000 卡路里，你的肌体会动用其中 100 卡路里或 200 卡路里，仅仅用于加工这些食物。听上去很酷对吧？所以，少量多餐地摄入天然食品，以此给肌体提供养料，实际上能让你的新陈代谢加速，并燃烧更多的卡路里！所以，如果你在下午吃一把杏仁当零食，你的能量会迅速得到补给，你会燃烧更多的卡路里。这就是为什么你应该在饥饿时吃下富含营养的食物，而不是整天饿着肚子，然后猛吃一顿，因为前者才是保持健康体重的良策。

卡路里是测量能量的单位。可以用卡路里测量各种能量，包括高速行驶的摩托车所消耗的能量。

运动：这一部分才是你真正能够参与其中的，所以让自己动起来吧。通过身体活动所消耗的热量，是你唯一能掌控的变数。我所说的身体活动，包括你日常生活中的各种活动，比如淋浴和购物，也包括你计划进行的体育活动，比如去健身房锻炼和骑自行车。通常情况下，身体活动占你每日总耗能的 20%~30%。

平衡你的个人能量方程

如果你的身体已经在储存能量以供日后使用了，那么无论是储存了

20 磅还是 3 磅，你的个人能量方程，都没有取得平衡。如果你没有储存多余能量，而又骨瘦如柴，以至于你妈妈隔着马路也能数清你身上的肋骨，那么你的个人能量方程，同样没有取得平衡。如果你希望身体这台机器能够平稳运转，你的能量吸收和能量消耗必须相互对应。

能量平衡

摄入的能量＝消耗的能量　体重不变
摄入的能量＞消耗的能量　体重增加
摄入的能量＜消耗的能量　体重减轻

能量的摄入： 找到你在哪些地方摄入了多余的空热量。通过避开这些已被证实会对你的身体有害并令你肥胖的食物，你无须动用计算机，就能对你的能量平衡方程式产生积极影响：

·喝饮用水和不加糖的茶，而不是碳酸饮料和果汁。
·吃坚果和天然食品，而不是含糖的零食。
·选择天然食品，而不是加工食品。

能量的消耗： 也许你的日程安排发生了变化，你发现自己没有时间做运动了，这将让你的体重增加。或者现在正值冬季，你爱死了丰盛可口的食物，却没有出去运动、消耗额外的能量，那么你需要运动！你也许会发现，你的运动量越大，你就越想吃那些天然的、真正的食物，因为运动让你和你的身体连通，而这能让你明白你的身体真正需要的是什么样的食物。在我外出徒步旅行或出去跑步后，我就了解到，我的身体需要的是健康的、富含营养的食物，这样才能补给营养，让我运动得更久，得到更多的营养。如果你也需要消耗更多的能量，那就要做到：

·训练并塑造肌肉（以燃烧脂肪）。

·在一天中进行更多的运动。

·每天至少流汗一次。

关于脂肪的一些真相

你需要了解的关于脂肪的头号真相是：你所摄入的脂肪和你体内储存的脂肪，可不是同一回事。并不是所有你摄入的脂肪，都会以人体脂肪的形式储存起来。反而是一些精制的碳水化合物（比如糖）会以人体脂肪的形式储存在你的体内。所以，你可别错误地认为，你吃下的那一把美味的杏仁，会变成体内的脂肪团！你每天喝个不停的、不含脂肪的、饱含精制糖的碳酸饮料，才会在日后成为你不需要的赘肉，而那些杏仁早已通过肝脏，进入你的线粒体了。

为了了解储存在体内的脂肪会对我们产生何种影响，我拜读了罗伯特·罗斯蒂格博士所著的《脂肪的机会》一书。这本书让我知道，体重秤上的数字、我们身体的健康和饮食行业希望我们相信的那些东西，是多么风马牛不相及。

我了解到，当你站在体重秤上时，你看到的数字是你的骨骼、肌肉、皮下脂肪和内脏脂肪的总重量。

骨骼： 你的骨骼越重，你的身体就越好，因为强健的骨骼意味着更健康、更长寿的人生。

肌肉： 你的肌肉越重，你的肌肉越厚实、越强壮，你就越健康。

皮下脂肪：这些脂肪位于你的臀部、大腿以及其他部位，它们让你拥有动人的曲线，并为你的身体提供大量的后备能量。皮下脂肪占你身体总脂肪的 80%，这种脂肪不会引起人体的疾病。

内脏脂肪：这是储存在你腹部的脂肪，它们堆积在你的内脏器官中，比如，你的肝脏、胃和肾脏。在你的肌肉中也存在内脏脂肪。内脏脂肪让你更容易罹患威胁生命的疾病，并有可能会影响你的寿命。这些脂肪对你的大脑、情绪和健康均有负面作用。

总之，你活动得越多，你进行的锻炼越多，你的骨骼就越能得到强化。你的肌肉越多，你消耗的能量就越多，哪怕在你休息的时候也是如此。因为肌肉越多，就等于消耗的营养物质越多。而你消耗的营养物质越多，你体内储存的内脏脂肪就越少，因此你所消耗的，正是会对你造成损害的那部分脂肪。

持之以恒非常重要

你知道运动为何会让你感觉如此良好吗？由于你的身体不能像储存能量一样地储存运动，所以你必须经常性地、持之以恒地运动。持之以恒是非常关键的。持之以恒的运动，能让你拥有一个快快乐乐、精力充沛的身体。

你为何需要锻炼和经常性运动呢？除了让你穿进紧窄的牛仔裤外，还有其他许多原因。你的日常生活习惯和你所进行的运动，将影响你的骨骼构造和肌肉，而你的骨骼构造和肌肉将从细胞层面上，影响你的肌体的运行方式。你的体内有数万亿个细胞，每一个细胞都参与到了为身体提供养分以及塑造骨骼、肌肉和其他组织，并排出废物的化学反应中。

你是所有这些新陈代谢过程的总和。一个健康、活跃的肌体和一个缺乏运动、不活跃的肌体相比，思维更敏锐、反应更迅速、免疫功能更加强大。在第7章中，我们聊了聊，胰岛素是怎样帮助人体细胞将葡萄糖转化成能量的。你的身体活动得越多，这一转化过程就进行得越快。在人体利用细胞中的葡萄糖这一方面，体育活动起着重要作用。消耗你所能得到的能量，能够帮助你的身体更快地获得它能获得的能量。

当你的细胞高效工作时，你就会感觉一切棒极了。如果你的身体能够高效地进行新陈代谢，你就会感到自己充满力量。这一切的关键是，为了获取能量而摄入食物，并通过运动消耗能量。我们的身体希望我们吃东西，是因为它希望我们做运动。

不管你多么不想从沙发上站起来，不管你多么不想去健身房，或者不想为即将进行的5000米赛跑而进行训练，或者不想下班后走回家；不管你在运动结束后，肌肉有多酸痛，在锻炼过后你总会感觉棒极了。这些感觉和你的身体如何在细胞层面展开工作有关，因为我们的外在感觉，正是我们肢体内在情况的镜像反映，反之亦然。

所以，让我来问问你：你是一个喜欢运动的人，还是一个喜欢静坐不动的人？如果你还记得，我们说的喜欢运动，是在全天中不断地运动，你马上就能成为一个喜欢运动的人了。运动起来吧！每分每秒都是运动的机会——所以，别错过每一次机会，没错，一切就这么简单。

让你的身体运动起来

我们随时都能运动，我们也应该随时运动。下面是一些随时进行运动的小点子：

- 在刷牙时按摩臀部。
- 在等咖啡煮熟时练习弓箭步。
- 在等火车时做踮脚运动。
- 跑上楼梯，跑下楼梯。
- 在台阶上伸展小腿。
- 步行前往下一个公交车站，或者再下一站。
- 在用烤箱做晚饭时练习仰卧起坐。
- 在电视播放广告时做伸展运动。

CHAPTER 17 | 氧气就是能量

你的整个身体，你的整个人，都靠呼吸和血液而得以生存。现在，请你吸入一口气。你把一股气流送到了肺中，肺将提取其中的氧气——氧气是你的细胞所赖以生存的养料——让你的血液中充满氧气。呼出一口气，你以二氧化碳的形式排出了体内废物，净化了血液，这样血液能将更多的氧气输送到全身。与此同时，富含氧气的血液由心脏输送到动脉中，然后它们将会通过毛细血管输送到你的全身，让你的大脑、肝脏、手指、脚趾得到供养。

正如你已了解的那样，氧气就是能量：氧气为细胞呼吸提供能量，而细胞呼吸产生三磷酸腺苷，从而为你的一举一动、所思所想提供养分。所以，当你觉得自己有点儿萎靡不振的时候，你可以吸入一口氧气——它是现成的能量来源，并让氧气在你的体内流动。

呼吸美好的、新鲜的空气，是我非常重视的一件事，尤其是当我在拍摄电影的时候。

当你去电影院看电影时，无论你是在新西兰、伦敦、芝加哥还是中国，你都可以坐在舒舒服服的座位上，欣赏场面恢宏、激荡人心的电影。这些电影都是在经过剪辑后投放在巨幅屏幕上的。我有一个秘密要告诉你：如果你在制片现场拍摄影片，那可是完全不一样的体验。因为，无论那些山峰、丛林、沙漠或熙熙攘攘的城市是否让观众惊艳,大多数电影布景都是雷同的。巴黎的电影布景和好莱坞或印度尼西亚的布景并没有什么不同。这是真的。它们看上去就像巨大的、蔓延开去的、到处停满了活动房屋的停车场。每一个活动房屋,都是一个拍片现场的办公室,或某位演员暂时居住的小屋。我就住在这样的活动房屋中,其他演员也住在这样的活动房屋中。我们做发型或化妆,都是在这样的活动房屋中进行的。布景地就是我们拍片的地方,通常布景地离我们所住的活动房屋很远,有时候真的非常远。

通常情况下,会有一辆高尔夫车送我去片场,但我会根据布景地的所在位置和周围的环境,利用我所住的活动房屋和布景地之间的距离进行运动。我将利用这个机会,快走或慢跑,甚至跑步。我不喜欢慢悠悠地闲荡。我喜欢带着目标活动。我将全天的每时每刻,都看成加快步伐、进行运动的机会。我从我的活动房屋中跑到做发型和化妆的小屋。要是我遗忘了什么,我就飞快地冲回自己的活动房屋。如果我有事情要问别人,我就飞奔到他们的活动房屋中去。

我就这样活动着,因为我希望我的身体能够得到尽可能多的氧气。我活动的速度越快,我就能吸入更多氧气,我的肺部就能吸收更多氧气,并通过血液将更多氧气输送到全身的细胞中。在我活动起来的时候,我的心脏搏动得更快——随着我的心率上升——我的心脏能将更多的血液输送到动脉和毛细血管中,并让血液携带上更多的氧气、更多的能量。我知道我真的用得上那些能量。

在现场拍片,有时意味着我要在密不透风、闷热无比的屋子里待上整整一个下午,屋子里除了我以外,还聚集着满满一屋子人——这就是说,空气新鲜不到哪儿去了。你曾经在暖热的、拥挤的、缺氧的房间中待过吗?那样的环境会让你昏昏欲睡,实在很适合打个瞌睡。但拍片时,我必须精神集中，而不是昏昏欲睡。我不是去那儿打瞌睡的。我是去那儿工作的。我的工作需要我集中精神、头脑清晰、富有生气和活力。我必须和其他演员一起拍摄影片。扮演角色、念诵台词，这些都是需要能量的。

在现场拍片时，我每天至少需要工作 12 个小时，我需要使用我能获取的所有能量。所以只要我一有机会能够跑一跑、跳一跳、冲刺一下，我就会那么做。因为我知道，每当我从一个地方飞奔到另一个地方、每当我爬上一级台阶、每当我吸入一大口空气，都在为我的肺部、我的血液、我的心脏和我的大脑提供养分，从而支撑我度过那一天。

运动能让我的心脏跳动得更有力，能让我的呼吸更深，能让我的头脑更清晰，能让我自我感觉更为良好。运动让我能保持清醒和灵敏，能让我的脸上挂着微笑，因为感觉到自己精力充沛，能让我们更开心，而这只需要我们做一点点运动。

吸气，呼气

当你进行深呼吸时，你的肌体将通过肺部，吸收赋予你生命的氧气。肺由两片组成，它的设计非常精巧。它位于你的胸腔之中、心脏两侧。

你的肺需要在横膈膜和胸腔的帮助下，才能完成每一次呼吸。横膈膜是位于胸骨和肋骨下面的一块宽阔、扁平的肌肉，它能和你的胸腔一起，帮助控制呼气和吸气。你的胸腔将和你的肺一起工作，随着你的呼吸而扩张或收缩。

当你吸气并让肺部充满空气时，氮气、氧气和二氧化碳将进入你的口腔，通过你的气管进入两条支气管中，然后进入细支气管中。这些支气管就像树根一样越分越小。

肺部剖面图

1. 甲状软骨
2. 环状软骨
3. 气管
4. 支气管
5. 细支气管
6. 肺泡
7. 心切迹
8. 横膈膜

1
2
3
4
5
6
7
8

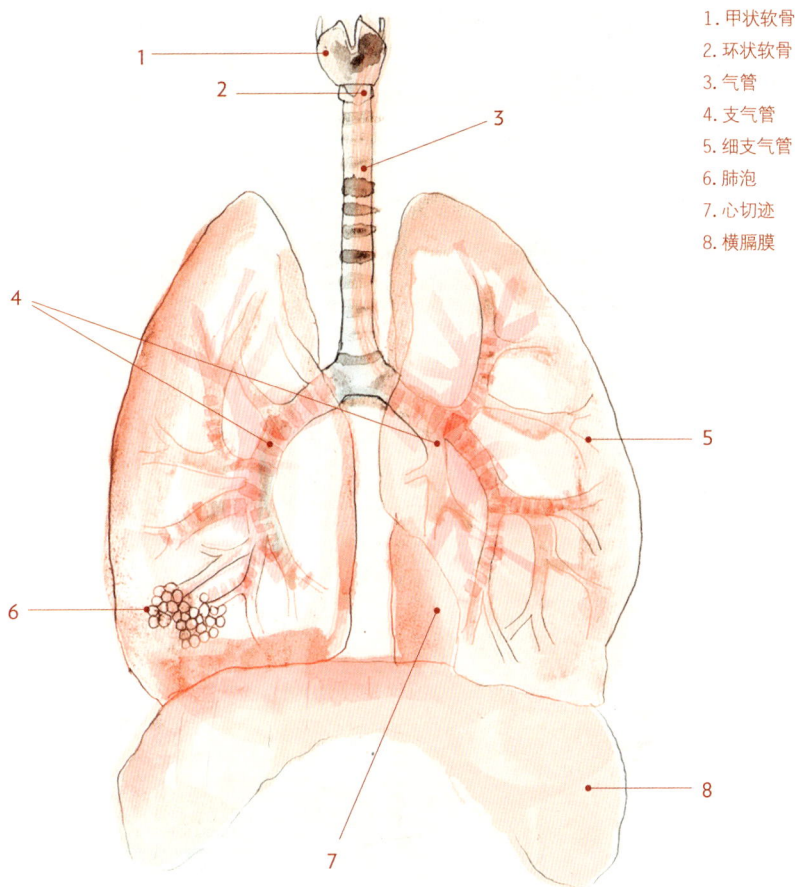

最后，空气进入你的肺泡中。肺泡就像一粒粒葡萄。肺泡将二氧化碳从你的血液中分离出来，并让氧气进入血液中，然后通过和心脏相连的两条大动脉，将氧气输送到你的全身。这一过程不断重复，持续全天。当你运动身体时，这一过程会加快速度。在你跑步时，你呼吸更快，因为你的肌体需要更多的氧气，才能让你继续跑下去。同理，当你停下来休息时，你的呼吸频率就会放慢。

你的肺部是由一些软绵绵、轻飘飘、会漂浮在水面上的物质组成的。

它们也非常有弹性，因此在肺部吸满空气时，它们能够膨胀开来而不破裂。在你刚出生时，它们呈现出粉白的颜色。当你长大成人时，你肺部的色调接近深灰色。

你的左右肺并不是一模一样的。肺都由肺叶组成，但是左边的肺由两片肺叶组成，而右边的肺有三片肺叶。右肺也比左肺略重一些。左右肺中都有一个叫作心切迹的区域，但左肺的心切迹更大，因为在你的胸膛中，心脏略微倾向左边。我得说这一设计真是棒极了。

心脏剖面图

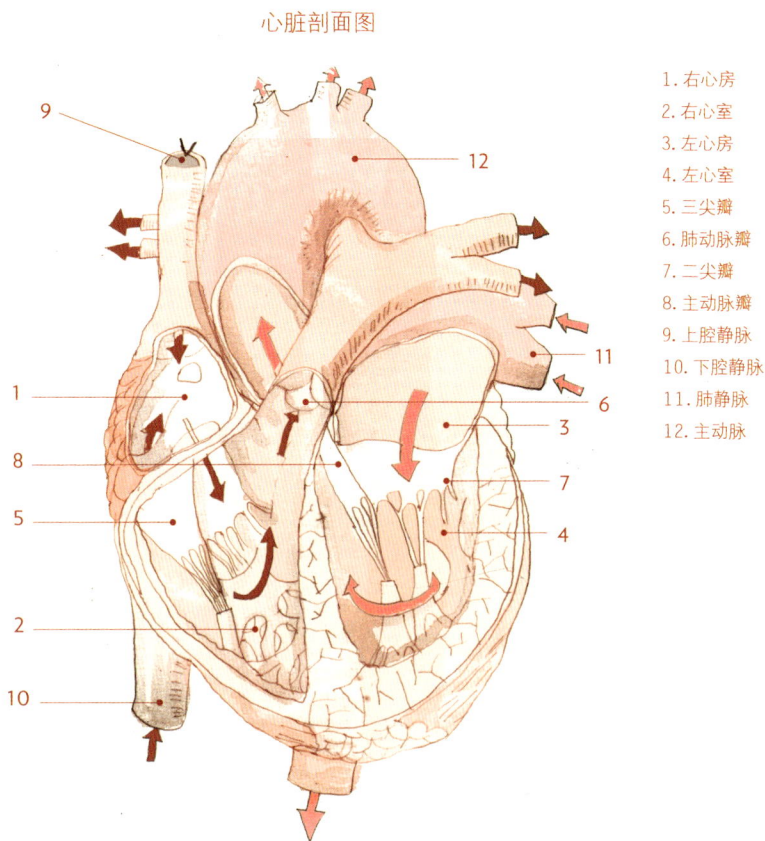

1. 右心房
2. 右心室
3. 左心房
4. 左心室
5. 三尖瓣
6. 肺动脉瓣
7. 二尖瓣
8. 主动脉瓣
9. 上腔静脉
10. 下腔静脉
11. 肺静脉
12. 主动脉

你的血腥情人

在你胸腔中不断跳动的心脏，可不像情人节的一盒巧克力。它没有那么讨人喜欢。它不需要讨人喜欢，因为它可不是送给丘比特的装饰品。你的心脏是一个强健、伟大的内脏器官，它拥有高效得让人惊讶的操作系统。

你的那颗美丽的心脏，其实是一块肌肉，它差不多有你的拳头大小，位于你的左右肺之间。心脏的主要功能，就是将肺中充满氧气的血液输送到全身，它一天要工作10万次以上。

你的心脏分成四个小室：右心房、右心室、左心房、左心室。心脏的设计非常精巧：心脏中有一些控制流向各小室的血流量的瓣膜，它们是：右心房的三尖瓣、右心室的肺动脉瓣、左心房的二尖瓣、左心室的主动脉瓣。

当你的心脏跳动时，各个心室收缩，各个瓣膜打开，让血液流过。当各个心室停止收缩时，各个瓣膜关闭，不让血液倒流回去。

心脏左右两侧的功能各有不同。右侧心脏将血液输送到肺部，从肺部获得新鲜的氧气，并排出二氧化碳。左侧心脏接收富含氧气的血液，并将血液输送到你的细胞中。血液通过两条静脉进入右侧心脏：上腔静脉和下腔静脉。当血液从肺部充氧后，将通过肺静脉流回心脏中。主动脉瓣将血液输送到主动脉中，然后主动脉将这维系生命的血液，输送到你的全身。

在你的有生之年，为了能连续不断地完成这一使命，你的心脏将会跳动大约3 000亿下。为了给你提供生命之源——氧气，鲜血每天流经你体内所有的动脉、静脉和毛细血管，流经总长度达到12 000英里，相当于4次横穿全美公路的长度。鲜血赋予了你生命。如果你在剃须时刮伤下巴或膝盖擦破了皮，一滴鲜血会从你的皮肤表面涌出来，那这只是你的6夸脱（约5 676毫升）血液中的一滴。你的血液也会输送氨基酸和激素，这些物质能塑造你的肌肉，并让你感到灵敏、饥饿、欲火中烧或者昏昏沉沉。此外，血液也会负责输送你摄入的所有营养物质。

心肌不断输送血液。你对它越好，它就会对你越好。你的心脏细胞有个惊人的本事：它们能单独跳动。所有这些小小的心脏细胞都拥有自己独立的跳动能力。心肌细胞[54]或心脏细胞能够不断跳动，只要它们是活的——哪怕你将它们从心脏中分离出来，放进培养皿中，它们还能继续跳动。

所以，你要记得尊重你的心脏，并好好服侍它——就是说，你需要给它大量营养和所需的锻炼，让它能不断工作。也许你的心脏并不是心形的，也不一定很可爱，但它很美丽。你该好好照顾它。

大脑的食物

氧气是大脑的食物。由于锻炼能够让通过血液输送到大脑中的氧气增加，你应该多加锻炼。事实上，近期研究表明，锻炼能提高孩童的认知能力，还有可能增强他们的学习能力。

只要缺氧几分钟，你的大脑就无法存活。而大脑是神经系统的中心，你的记忆力、智力和推理能力都是大脑的功能。大脑拥有多达万亿个神经元，神经元是一些互相关联的神经细胞，它们能传输关于痛苦、欲望、欢乐或其他成千上万的种种信息。无论你会说多少种语言，还是背得出多少个总统的名字，你都只使用了你大脑总容量的很小一部分。

大脑是一个让人惊讶的神奇器官。科学家曾将人脑纵切、横切，一分为二，放在广口瓶中、幻灯片上、显微镜下，进行各种分析、刺探、切割和讨论。但是没有人能从中看到人的某种个性、某个愿望或者某个想法。我们只看到了神经元相互连接，产生感觉、存贮信息、控制行为；只看到神经元如何发出信号、信号如何转化成想法、情绪和各种神经冲动。

大脑是你的神经系统中心，而神经系统控制着你体内的一切。大脑连接着你的脊椎，大脑和脊椎共同构成了你的中枢神经系统，它们连接着绵延数英里之长的神经，这些神经能够导电（太酷了，不是吗），并将大脑中的信息传输到你的手臂、腿部、脚趾、舌头，还有你脖子后面的小小区域——如果你感到害怕，这个区域就会感到刺痛。所有这些神经组成了你的周围神经系统。

周围神经系统由两部分组成，一部分处于你有意识的掌控之下；另一部分自主活动，而你甚至根本不会知道。

你的不随意神经系统掌管着一些无须你留意，就会自然发生的进程，比如流汗、消化、排尿和性冲动。

随意神经系统掌管着所有受你意识操纵的活动——一些受运动神经元操控的活动。无论使用刀叉、用电脑打字（我现在就在打字）还是锻炼身体，都属于这一类。

所以，在你跑上一公里、呼吸渐渐变得沉重的过程中，你的神经系统正兵分两路展开工作：随意神经系统使你能系好运动鞋的鞋带；而不随意神经系统增加了氧气的输送量，因为这时你的肌肉最需要氧气。

呼吸和锻炼

在你运动时，肌肉比你休息时需要更多的氧气。营养物质是你锻炼所需的养料，氧气也是你锻炼必需的养料。而二氧化碳和汗水一样，都是人体需要排出的废物。

你的心肺协同工作，让你的肌肉得到它们所需的氧气，并将营养物质转变成三磷酸腺苷。当你进行体育锻炼时，你开始快速呼吸，你的肺比平时吸入了更多的空气。你的肺进行扩张，从而加工了更多的氧气。在你刚开始锻炼身体时，肺的这一额外潜能是很有用处的。因为随着你锻炼身体，你的肌体需要更多的氧气，才能让你支持下去，因此你的肺需要更努力地工作，从而排出快速运动或持续运动产生的多余的二氧化碳，并为你提供更多氧气，让你最后能气喘吁吁地爬上山峰。

与此同时，你的心脏跳动得更加频繁。女性放松状态下的心率通常在每分钟 72～80 次之间。当你进行体育锻炼时，你的身体处在一定的压力下，你的心率就会上升。随着心率上升，更多的血液被输送到你的全身，为肌肉提供氧气和其他营养物质，而这些氧气和营养物质都是你进行体育活动所需要的养料（在必须"逃避角落里的狮子"的年代，这是非常有用的）。

你将发现，你锻炼得越多，你的呼吸就能越快地"恢复正常水平"——这是你的身体在告诉你，锻炼增进了你的循环系统和呼吸系统的功能。与此同时，你能行走得更快，这说明，你的肌肉和骨骼，也是适度体育锻炼的受益者。

CHAPTER 18 | 支撑系统

你见过水母吗？水母看上去就像一碗果冻，因为它基本上就是那样的东西。水母没有骨骼，它没有真正的身体结构，它只是一堆能在水流中随意改变形状的黏糊糊的东西。但是你有骨骼，所以你不是一堆没有固定形状的东西，你拥有界限分明的手臂、腿脚、躯干，还有性感的锁骨。

这只是骨骼的功能之一：骨骼支撑起你体内的软组织，并赋予你固定的形体。骨骼还让你能够活动身体，并让你的肌肉拥有支撑物。你的骨骼为你造血。骨髓是骨骼的精髓，你的血液细胞就是在骨髓中形成的。

这一切究竟有多神奇呢？你的骨骼不仅赋予你固定的形体、运动的能力——它们还是制造血液细胞的工厂。除此以外，你的骨骼处于不断变化中。骨骼和肌肉是活的组织，它们会随着你的一生而生长变化，正像你的其余部位一样。骨骼也会新陈代谢。骨骼和肌肉并不是静止的、能够永远保持恒定不变的物质，它们能被不断塑造或损坏。你骨骼中的细胞会不断更新，就像你的肌肉细胞和皮肤细胞一样。骨骼的发育可以分成三个阶段：

骨骼生长和骨骼塑造：这两个过程在我们还只是小小胎儿时就开始

人的身体会不断变化，每天，你的全身会失去数十亿个细胞（我们每天失去的皮肤细胞，就达100万个），并生成新的细胞以取代它们。有的细胞会分裂并更新，有的细胞只是默默死去。你的神经、肌肉、骨骼和器官内部不断协调着，维持着自身的平衡，而细胞的分裂、更新和死亡，只是其中的一部分。

了，并一直持续到我们的青少年时期。我们骨骼的大小和形状由这两个阶段决定。90%的骨量在你18岁时达到峰值！这就是说，过了青春期后，你的骨骼的大小和形状不会有太大的改变了（这就是为何你20多岁时或者30多岁时无法再长高的原因）。

骨骼重塑：在成人阶段，体内已有的骨材料不断分解，并通过重塑形成新的骨骼，以保持总的骨量不变。

一块块骨头 [55]

你的每只手中有27块骨头，你的每只脚中有26块骨头，你的脸上有14块骨头，脊椎中有31块。你体内最长的骨头是你的股骨（大腿骨），最小的骨头是镫骨，在你的耳朵中。

正如你所知，作为一个成年人，你全身一共有206块骨头。我强调"成年人"，是因为在你出生时，你有将近300块骨头。历经多年以后，你的骨头变硬，有些骨头合并在了一起，直到你形成了现在这副骨架。所有这些骨头，从你的头盖骨到你的脊椎骨、你的股骨，都是由各种矿物质组成的（钙和磷占了其中绝大部分），矿物质为骨骼提供硬度和蛋白质（胶原蛋白），从而让你拥有力量和柔韧性。

头盖骨：颅骨是由22块骨头组成的，并非只有一块，纤维把这些骨头绑在一起。在你出生时，你的头盖骨由柔软的、互相连接的骨块组成，目的是让婴儿的头能通过阴道。在你一岁半大的时候，这些骨块融合在一起。由于你的头盖骨起着保护大脑的作用，所以一定的硬度非常必要。

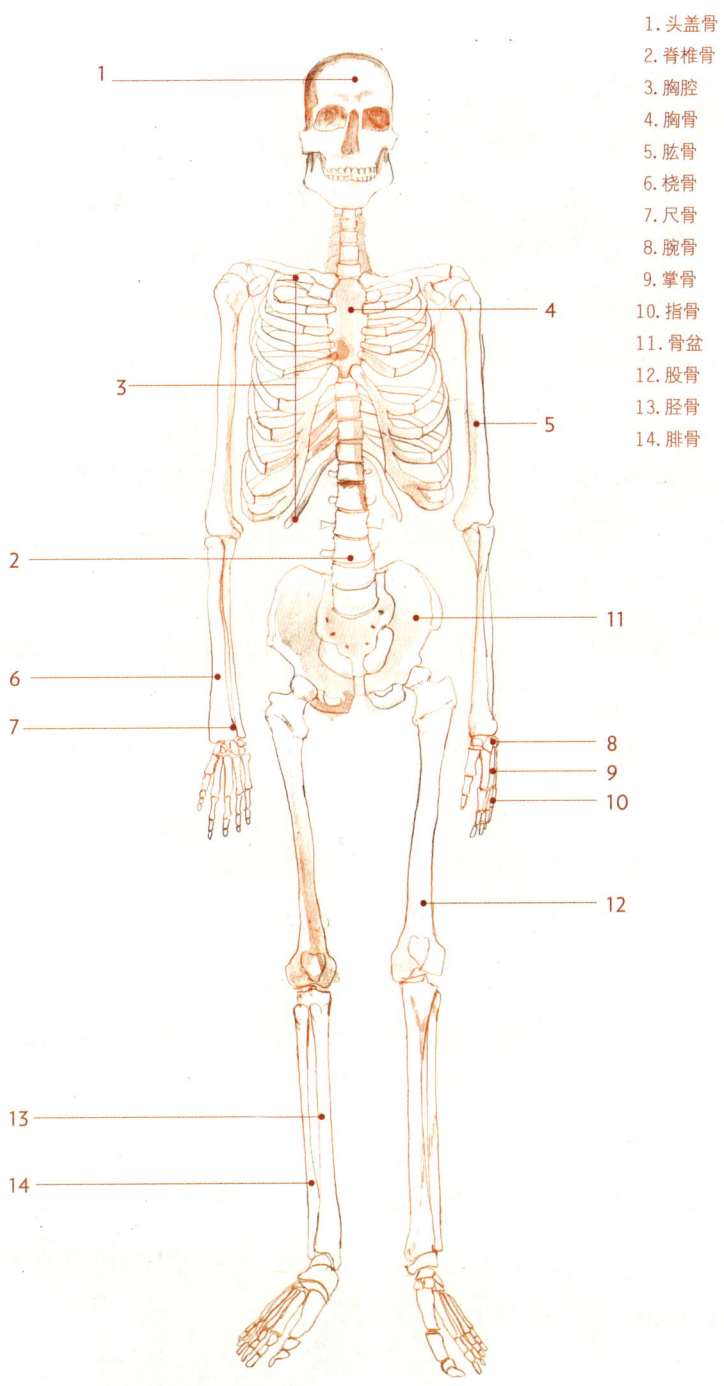

1.头盖骨
2.脊椎骨
3.胸腔
4.胸骨
5.肱骨
6.桡骨
7.尺骨
8.腕骨
9.掌骨
10.指骨
11.骨盆
12.股骨
13.胫骨
14.腓骨

脊椎骨：你的脊椎骨中有四段天然的弯曲——它的形状就像两个叠在一起的 S。第一段弯曲——向前弯曲——在你的颈部。33 块椎骨中的 7 块，构成了你的颈椎。第二段弯曲——向后弯曲——由 12 块椎骨组成，构成了你的胸椎，或者说上背。第三段弯曲——向前弯曲——由 5 块椎骨组成，构成了你的腰椎，或者说后背。最后一段弯曲——向后弯曲——是你臀部的上半部分，其中 5 块椎骨组成了你的骶骨，4 块小骨头构成了你的尾椎骨。

胸部：你的肋骨是一个非常美丽的结构，它能保护你的心脏和肺部。你有 12 对肋骨，它们和你的 12 根胸椎骨相连，构成了你的胸骨，就是你胸部中间能够摸到的厚骨头。

你的肋骨也和呼吸有关。深吸一口气，你的肌肉和横膈膜提起了你的肋骨，让你的肺扩张并充满空气；呼出一口气，你的肋骨回到原位，帮你的肺部排出空气，除去废物——二氧化碳——让呼吸过程不断重复。

手臂：你的上臂只有一块骨头，叫作肱骨。你的下臂有两根骨头，桡骨和尺骨。伸出手臂，手心向上，你能摸到的从手心一侧延伸到手臂的骨头就是尺骨。你的桡骨和尺骨在手腕处会合。在你的手掌中有掌骨，掌骨和你的指骨相连。试着扭动一下你的指骨（指骨是手指的小小天堂）。

骨盆："骨盆"这个词的拉丁词意为"盆子"。肌肉、结缔组织和骨骼都要依靠骨盆引导和支撑，拉拉队队长和肚皮舞女郎都知道该如何旋转骨盆，让它发挥最大效用。骨盆是你下半身的根基，它保护着你的消化器官，并在分娩中起到重要作用。

腿部： 和你的手臂类似，你的大腿有一根大骨头，你的小腿有两根稍小的骨头。你大腿中的骨头叫作肱骨。小腿中的骨头叫胫骨和腓骨。较小的腓骨在你小腿的外侧。

两类骨组织

　　人体中有两种完全不同的骨组织。密质骨密度非常高，构成了你的骨骼的 80%。在你的长长的手臂和腿骨中，还有所有骨骼的外层表面能找到密质骨。松质骨构成了骨骼的 20%，它更为多孔，看上去有点儿像蜂巢。松质骨能在长骨的两端、脊椎骨和骨盆中找到。骨折通常发生在松质骨上。

　　松质骨更灵活，它的更新率比密质骨快得多，因此它对人体内营养和激素的变化更加敏感（这就是我们在第 10 章中，将钙质列为人体必需的矿物质的原因：你的骨骼基本上是钙质组成的，因此食用富含钙质的食物能够补充你体内的钙质）。

塑造健康的骨骼

　　为了让你的骨骼保持健康，你必须关注三个方面：营养、锻炼和激素。因为在 20 多岁时，我们的骨骼达到了骨密度的峰值。这就意味着，直到你 25～30 岁，如果你身体健康，没有体重过轻或营养不良，那么你形成的骨骼，依然比你损坏的骨骼更多。但是如果体重过轻或者营养不良，或者过了这一年龄阶段，那么你的骨骼健康就会出现问题，被损坏的骨骼有可能比形成的骨骼更多。

　　对处在这一年龄段的女性来说，摄入丰富营养并进行体育锻炼，从而尽可能多地形成骨骼，是非常重要的。我这是特意对你说的——25 岁的女孩，你可别不相信！此时此刻，你有机会塑造密度最高的骨质。你有机会为今后的骨骼，打下一个坚实的根基。

　　当女人到了四五十岁时，随着准更年期和更年期的来临，我们体内的激素水平发生了变化，我们的骨骼也会随之发生变化。作为这一自然转变的结果，女人骨骼损坏的速度，比形成的速度更快，从而引起骨密质的流失——也就是说，骨头变得更轻巧、更柔弱、更易碎。

如果骨密度的流失达到了一个节点——骨头变得非常脆弱、非常多孔时，医生可能会诊断你患了骨质疏松症。如果你得了骨质疏松症，就很容易弄碎骨头。一次小小的跌倒，就有可能会让你受重伤。因此趁着你还有机会，赶紧塑造坚实骨骼，打下一个好的根基，是非常重要的。

我感到自己很幸运。我在 26 岁时开始进行体育锻炼。我在那时就知道，体育锻炼能促进骨质的形成。但现在我更重视这一点，在过去 15 年中，我一直坚持体育锻炼，以求塑造健康的骨骼。

锻炼能够塑造肌肉，也能塑造骨骼。关键是得找到那些让骨骼承受重量的运动，这样的运动称作负重锻炼。很多种运动能够以有益骨骼和肌肉的方式，给骨骼和肌肉施加压力，这些运动有助于我们保持现有的骨质。当你直立并进行抵抗地心引力的运动时，你就在进行负重锻炼。跳绳、跑步、简单的跳舞和跳跃，都能给你的骨骼加压，都能算是负重练习。而骑自行车、游泳这些运动，就不属于负重锻炼。当你通过举重强化肌肉时，肌肉的收缩给骨骼施加压力，以另一种方式刺激骨骼的成长。这些强化肌肉的锻炼对你的骨骼健康也非常重要，你应该经常性地进行这些锻炼。给你的骨骼施加的压力越大，你的骨骼就越强健，反之亦然。所以请使用你的骨骼，不然你就会失去它们。对女性来说，有可能在 35 岁就开始流失骨密度。如果你没有通过经常性的运动和锻炼来让你的身体形成更多骨骼，那么骨质流失迟早都会发生。你的肌肉也是这样。

强壮的肌肉和强健的骨骼并不会自然而然地形成。你必须锻炼，才能得到它们。因此，给自己充分的营养，并且运动起来，这样你才能塑造出完美的肌肉和骨骼，为你一生的健康奠定基础。

CHAPTER 19 | 肌肉女人

你为何锻炼身体？因为肌肉就是力量，拥有肌肉能让我们拥有自己的力量。因为了解你自己的肌肉、了解各部分肌肉的功能，是我们了解自己身体的一部分。由于肌肉可以是非常灵活和柔韧的，拉伸你的身体能让你走路时更轻松自如、站着时更亭亭玉立。它还能告诉你，只要你愿意付出努力，你就能改变自身。因为肌肉就是力量，肌肉是你达到目的的工具。你能赢得它、追逐它、拥有它——无论它对你来说意味着什么。因为肌肉就是专属于你个人的交通工具，肌肉带你去工作的地方，让你能挣钱养活自己；肌肉带你去学校，让你能学会新知识；肌肉带你去机场，让你能体验未知的世界。肌肉就是你心脏的跳动。随着你的每一次呼吸，你的胸腔就会扩张，让你能到湖畔下水游泳，让你能打开瓶罐而无须求助于人，让你能轻松地抱起一个孩子。

肌肉的力量越强，患心脏病和慢性疾病的风险就越小，由各种原因引起死亡的风险也越小。所以，亲爱的，它值得你付出努力！哪怕每周进行两到三次的肌肉力量锻炼，也对你整个人的健康有益；锻炼还能给你机会，让你更加了解你的肌肉。

我可以向你承诺：哪怕你的肌肉现在就像湿面条一样松软无力，你也能做到。你会变得强壮起来。你会觉得自己的肌肉像电动工具一样，而不是像面条一样。你只需运动起来，而那正是你的肌肉所期盼的。

六百块肌肉

你拥有 600 块肌肉。有了它们，你才能消化食物、举起重物、放下重物、点头或摇头表示肯定或者否定、量出一杯稻米。有些肌肉受你意识的控制，它们听从你的吩咐，比如量米。有些肌肉不受你的意识控制，它们自主行动，比如，当你煮熟并吃下那杯稻米后，你的身体会将稻米转化成你所需要的能量。

肌肉一共有四种类型：

骨骼肌：你可以想象一下：你穿过这个房间，来到了房间的另一头。这得感谢你的骨骼肌。你的骨骼肌听候你的差遣——你让它们做什么，它们就做什么。负重训练、力量训练和心肺锻炼能够强化你的骨骼肌。

内脏肌：你知道看书时，呼吸正在悄悄地进行吗？你可没有在想，我要呼吸，呼吸，呼吸，对吗？你该感谢你的内脏肌，它们自主行动，独立于你的意识之外。你的内脏肌是裹在你的内脏上的一层薄薄的肌肉，为了让你生存下去，它们担负着一些不为人知的责任，比如有节律地收缩你的消化系统，这个叫作肠胃蠕动，即把食物从一个消化器官输送到下一个消化器官。

心肌：是你的心肌在让你的心脏跳动，它们只存在于你的心脏中。[56]

混合肌肉：深呼吸一下。混合肌肉，比如横膈膜，能在不知不觉中控制着你的呼吸，但如果你愿意，你也可以选择呼吸得更慢更深。

骨骼肌如何活动

在你开始进行肌肉锻炼前，我希望你能对你的骨骼肌，以及它们如何为你提供生命支持，增进一点了解。回忆一下你小时候玩过的小娃娃，我想它们的活动范围非常有限——或许它们的手臂能朝前伸或朝后伸，但并不能扭转弯曲。现在再想想你的身体，你能弯上弯下、弯前弯后，进行扭转。这是多么神奇啊！如果你意识到，肌肉能够协同合作，让你的身体发挥最佳状态，那你一定备感神奇。因为从本质上说，肌肉的活动其实非常简单，它们能进行的只有收缩和放松。

收缩，放松

把你的手指握成拳头！握紧一些。当你把手握成一个紧紧的小拳头时，你的肌肉正在收缩。当你松开拳头时，肌肉放松下来。这就是肌肉的收缩和放松。无论你握着的是一个鸡蛋还是一块大石头，你做的都是同样的收缩和放松动作。

肌肉的收缩和放松受两种蛋白质的控制，它们是：肌动蛋白和肌球蛋白，它们存在于你的肌肉细胞中。当你提起一个沉重的购物袋，这些蛋白质会争前恐后地来帮忙，为肌肉收缩助一臂之力。当你把购物袋放在厨房地板上时，你的肌肉会让线粒体登场，让三磷酸腺苷帮助肌肉放松下来。

由于所有的肌肉真正能做的动作只有收缩和放松，它们有时候会和其他肌肉——那些在相反方向进行牵拉和放松的肌肉——结成对子、协同动作，从而让肌体的活动范围更加广泛。因为各种肌肉能够齐心协力，从多个方向牵拉你的四肢和关节。

前后移动

下面是一个例子：踢你自己的屁股。我是认真的——弯曲你的膝盖，向后抬起你的脚，踢你自己的臀部。然后弯曲你的腿，再完全伸直腿，再做一次，好，太酷了。你刚才这样做的时候，其实是这样一个过程：你大腿前面的肌肉叫股四头肌，你大腿后面的肌肉叫腿后腱。它俩团队合作，协同动作，共同操控着你的腿。腿后腱收缩，让膝盖弯曲下来，此时股四头肌放松，让腿后腱占上风。然后，股四头肌收缩，让你把腿伸直，此时腿后腱放松，让股四头肌占上风。

你明白了吗？弯曲——那是大腿后面的腿后腱的丰功伟业；伸直——让我们给大腿前部的股四头肌鼓鼓掌。股四头肌和腿后腱的功能正好相反，它们协同运作，让你能将腿伸直后再弯曲起来。当它们中的一方收缩时，另一方就放松下来。就这样，向不同方向收缩和放松的肌肉两两结对，从而让你的肢体既能向前移动也能向后移动，既能弯曲也能伸直。

左右移动

当然，如果你的手臂和双腿只能向前和向后移动，那你会更像一个机器人，而不是人类。你的肢体拥有其他一些肌肉，它们能做出不同的动作，让你能够滑翔、跳舞、摔跤，而不仅仅像 R2D2 机器人（出现于电影《星球大战》系列中的机器人角色）一样僵硬地移动。

想象一下：拿起一支笔，画一条线，从你的前额中央开始一直向下，经过你的肚脐，直到你双脚之间的地面。这条线就叫人体中线。在你的肌体中，有一些设计精巧的肌肉，它们能让你的四肢靠近或者远离你的人体中线。

现在，慢慢地将你的一条腿移向一旁：你刚才使用了你臀部的肌肉——臀中肌和臀小肌——它们在你的臀部的侧面（臀大肌是你臀部的一部分，构成了你的大部分"屁股"）。现在再将那条腿移向你的人体中线：为了完成这个动作，你得使用你的内收肌和腹股沟肌肉。

里外移动，旋转移动

有的肌肉能让你的四肢——你的双腿和双臂——移位，让它们向外伸展，远离你的肢体，然后再将它们收回。正是有了这样一些肌肉，你才能蛙泳或鼓掌。这些肌肉总称为内收肌和扩展肌。扩展肌让你的四肢远离人体中线。你腿上的臀大肌和你手臂上的三角肌就属于扩展肌。内收肌让你的四肢收回来。内收肌和扩展肌协同动作，让你能伸出或收回你的四肢。

只能前后、左右移动，仍然是非常呆板、僵硬的。幸运的是，你还拥有别的肌肉——旋转肌。旋转肌让你能旋转手臂和双腿，让你能够投球、跳绳或翩翩起舞。比如，在你的肩上有四块肌肉，它们是你的肩袖（旋转套）的一部分，它们让你能够自由地摇摆、挥动手臂。你的臀部上也有外转肌群，它们让你能使出回旋踢。

了解你的肌肉

在我拍摄《霹雳娇娃》后——在我认识了我的身体后——我开始了解它，我开始关注它。随后，我一块块地认识了我的骨骼肌。我开始了解，在感到疲惫时，它们会是什么感觉；在状态极佳时，它们会是何种感觉；在结束一场体能训练时，它们会是何种感觉；在一天结束时，它们又是何种感觉。而且，我开始了解，当我好好照顾我的肌肉时，当我锻炼肌肉的力量、进行拉伸肌肉的运动时，当我给它们布置下充满挑战的任务时，当我给它们提供氨基酸时——肌肉需要氨基酸才能得到修复，当我给它们时间、让它们休息时，我又分别会有什么样的感觉。当然，在锻炼过后，我有可能会感到全身酸疼，但我开始懂得，这些痛苦实际上是成长的疼痛，它们是在帮我。这样的痛苦是在帮我。

过了一段时间后，不再酸疼，取而代之的是我所渴望的适应能力。在我休息了几天后，我的肌体差不多开始恳求我，让我继续坚持锻炼，这样我才能不断拥有那些感觉。现在就让我们从头开始，来一点点地了解我们那些棒极了的肌肉吧。

手臂和肩膀

二头肌：弯曲手臂，紧握拳头，它就出现了：它是你的二头肌！每次当你提起一个购物袋或捡起一个保龄球时，你都在使用你的二头肌。

三角肌：把你的右手放在左肩上，你摸到的就是三角肌，它是一大块能够让你抬起手臂、并让手臂移开你的身体的肌肉。有了三角肌，你才能招手拦下的士，或做类似的事情。

旋转套：三角肌和旋转套协同工作，旋转套是肩关节周围的四块肌肉，它们齐心协力稳固肩窝，从而令它能在肩关节中旋转。如果你喜欢打网球，你也许早就知道，网球选手的这四块肌肉常常会受伤，因为他们在反手接球时，常常要转动手臂。

斜方肌： 耸一下肩膀，嘿，那就是斜方肌！它是一块大肌肉，覆盖了你的颈部、上背和肩膀等区域。由于这块肌肉面积很大，并位于肌体的浅表，有时，在该由其他肌肉出力的时候，它也会主动插足，从而导致颈部等身体部位虚弱、斜方肌酸疼。在现代生活中，如果我们常常弯腰驼背地坐在电脑前，或者整天开车，也很容易导致斜方肌酸痛、紧张。转动转动头部能够有效缓解。

背部

背阔肌： 背阔肌分布在你的后背上，一块在左，一块在右，它们是你体内最大的肌肉之一。坐在扶手椅上，利用手臂的力量，让自己站起来，这是你的背阔肌帮你做到的。背阔肌帮助肩膀向内、向下拉伸——在你做引体向上或去体育馆做攀爬运动时，就会用到背阔肌。背阔肌非常强大，也非常性感。

胸部

胸大肌： 这是你的胸肌，亲爱的。胸大肌是两块胸部肌肉中更大、更靠近体表的那块肌肉。胸肌常常让我们联想起男人，但是女士们也有胸肌。胸肌帮助你的肩膀伸展打开，从而创造出一个美丽的空间——可爱的领口。胸肌也是你的心脏和肺部的第一道防线，因为它们遮盖住了部分的肋骨，而肋骨挡住了你的心脏，还有肺的一部分。当你做俯卧撑的时候，你就在锻炼你的胸肌。

腹部

腹直肌： 躺在地板上，做一个卷腹。别担心，只要做一个就好。你刚刚激活了你的腹直肌。腹直肌位于你的腹部肌肉的最外层，这就是为什么，如果做多了卷腹动作，会让你的腹部轮廓鲜明。腹直肌的存在，并不仅仅是为了让你在沙滩上显摆身材，而是为了保护你的内脏，并让你能够弯曲腰椎，腰椎是你的倒数第三节脊椎。拥有强壮的腹部肌肉非常重要，因为它能帮你摆出酷酷的造型，并取得良好的平衡。你见过杂技演员走钢丝吗？你见过马戏团的杂技演员翻筋斗或用小拇指托起队员吗？他们在做这些动作时，所需要的平衡能力和大部分的力量，都是依靠腹部取得的。腹部肌肉像紧身衣一样，掌控着人体的重心，让我们能对我们的活动方向，拥有更多的控制权。大体来说，腹部肌肉为你所做的一切提供平衡和稳定——你能拥有美好的姿态，也得益于这些肌肉。

腹斜肌： 腹斜肌在你的腹部两侧，每当你弯曲或扭动身体，腹斜肌就会立即行动。腹斜肌的使命是让你的内脏留在体内，留在它们该待的地方。做几个转体屈腿仰卧起坐能强化你的腹斜肌：背部着地平躺下来，脚平放在地上，膝盖弯曲。把双手放到脑后，弯曲肘部。坐起1/4，让左肘对准右膝，右膝对准左肩。

腿部

臀大肌： 臀大肌、臀中肌和臀小肌共同组成了你挺拔的臀部肌肉。臀大肌是臀部最大的肌肉，就在你的牛仔裤口袋的位置。臀中肌和臀小肌在你臀部的两侧。臀部肌肉能帮助你行走、跑步、跳跃和坐着。臀部肌肉紧绷有可能是久坐不动的生活方式引起的，它有可能会引起背痛。

通过以下这些动作，可以锻炼拉伸臀部肌肉：平躺下来，将一只膝盖抱在胸前，并让另一条腿尽量在地板上伸直，然后两腿交换，重复动作。

腿后腱： 现代生活对腿后腱很不利，如果我们动不动就坐下来或干脆久坐不动，会让腿后腱紧绷。腿后腱由三块肌肉组成，这组肌肉让髋关节和膝关节协同动作，让你能弯曲膝盖或向后移腿。如果你想拉伸锻炼腿后腱，你可以向前弯腰，让大腿前端的肌肉绷紧，从而让腿后腱放松下来。如果你的双手能够碰到地面，那非常棒。但是如果你够不着，让你的双手保持在膝盖附近也可以，不要过于勉强。在做拉伸运动时，让肌肉慢慢放松下来才是最好的。

股四头肌： 股四头肌是你能在大腿前端找到的四块肌肉。它们的主要作用是伸直膝关节。股直肌是股四头肌中最大的一块肌肉，它也能收缩臀部，让你在上楼时能把大腿抬起来。你现在还不知道股四头肌在哪里吗？穿上一双高跟鞋，性感地鼓起在你的大腿前端的肌肉，就是你的股四头肌。为了锻炼股四头肌，你可以试试靠墙蹲坐：背靠墙壁站立，然后慢慢地弯曲膝盖，就像你在一把椅子上坐下一样。保持这个姿势30～60秒，然后放松。

小腿肌肉： 你有两块小腿肌肉：腓肠肌和比目鱼肌。腓肠肌相对更大，它离皮肤表层更近，在你跑步或行走时，它能带动你前进。而在你直立时，是你的比目鱼肌在发力。

想要锻炼小腿肌肉吗？你可以试试蹬脚尖：蹬起脚尖，然后站平稳。蹬起来，站平稳。让你蹬起脚尖的，正是你的小腿肌肉。

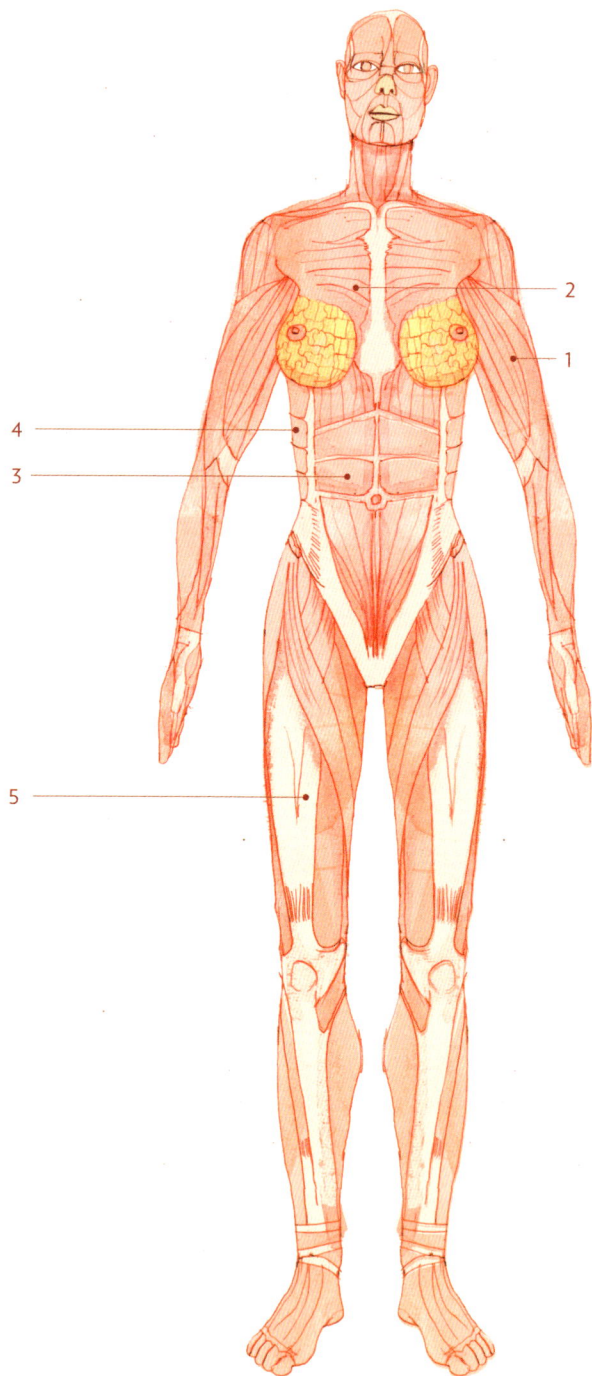

1. 二头肌
2. 大胸肌
3. 腹直肌
4. 腹斜肌
5. 股四头肌

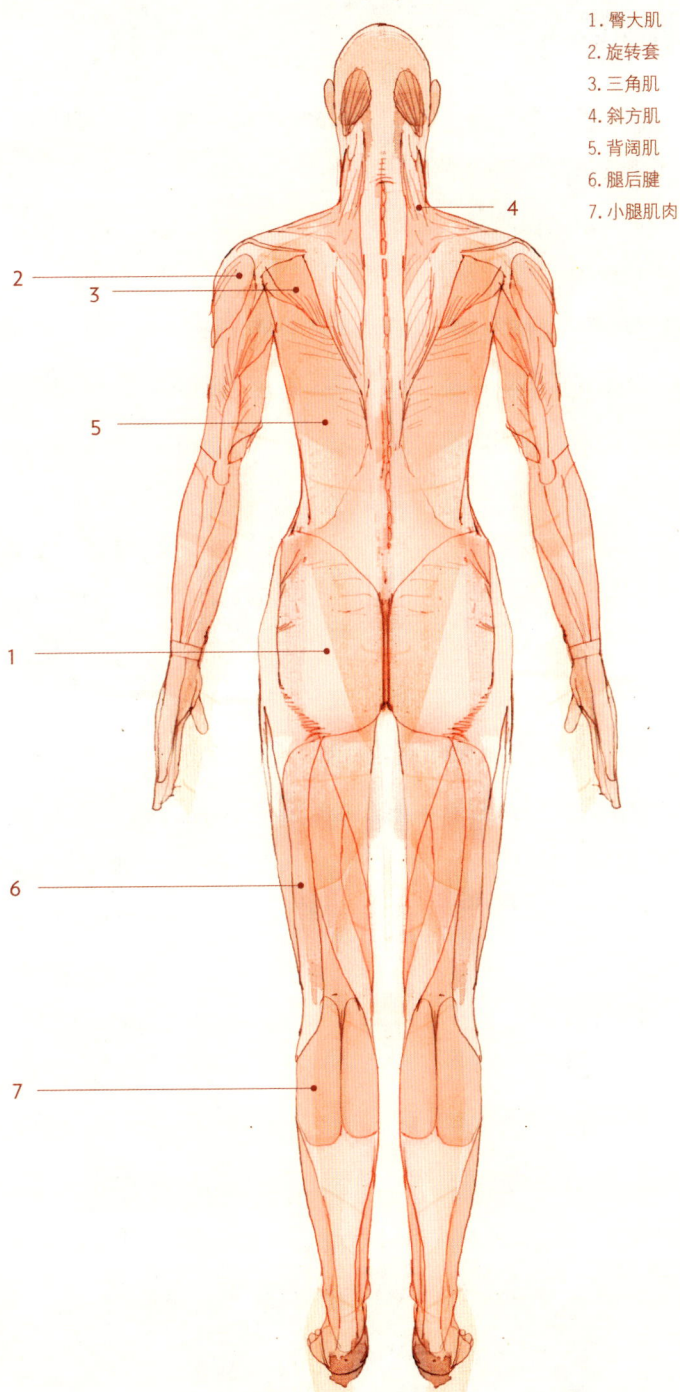

1.臀大肌
2.旋转套
3.三角肌
4.斜方肌
5.背阔肌
6.腿后腱
7.小腿肌肉

肌肉锻炼

就和骨密度一样，你年轻时肌肉锻炼得越多，就越能为一个健康、强健的未来打下坚实基础。

你可以通过所摄入的食物和进行的运动，每天锻炼肌肉。很多人都没有意识到：无论何时，当你使用肌肉时，你就在进行力量训练。当你举起重物时，力量得到了增强，不仅是由于你举起了手中的重物，也因为，在你这样做的时候，你其实是在挤压肌肉。你挤压肌肉的时间越长，肌肉中增长的力量就越多。

如果你的肌肉受到严重损伤——拉伤撕裂，也不要担心。你摄入的蛋白质消化后形成的各种氨基酸，能够修复受损的肌肉。这种修复就像建筑房屋时的添砖加瓦。它能强化肌肉，大自然以这种方式保证，你的身体不会越来越糟。这是另一个例子：在你给予你的身体足够的蛋白质，并进行足够的运动时，身体的力量就能增强。

按压你的臀部肌肉。没错，你现在坐着时就可以这么做！按压臀部时收紧腹部。坚持住……现在放松，只需要这样做就可以了。按压并收缩你的任何一块肌肉，你的肌肉就会变得更强壮，哪怕就在你坐着看这本书的同时。当我们意识到，只要随时随地使用我们的肌肉，我们就能让肌肉得到锻炼，那么我们能将所有的活动，都转化成强化肌肉的活动。

在我刚开始努力，准备为自己打造一个强健的身体时，我立刻觉得我的肌肉中充满了力量，这种感觉慢慢扩展到我的大脑中、我的心脏中，使我看世界、看自己的方式都发生了变化。随着肌肉越来越强健，我开始觉得自己越来越强大，觉得能把一切挡道的东西提起，然后轻轻地放在一旁，继续前进。随着体能的增强，我对自己更有信心，相信自己能在锻炼时获得进展，在职业生涯中取得突破，在我的一生中取得成就。可以说，我的信心呈现指数式的增长，有了飞跃般的升华。

如果你想要，你也能拥有这样的力量。

关于锻炼的基本知识

健美，没错，是健美。你可别吓坏了！我说的可不是那种让你能登上健美杂志封面的鼓鼓的二头肌。我说的是塑形，让你拥有完美的身体结构，这是一种建筑学。

你的身体是一个由骨骼和肌肉构成的建筑物。和其他建筑物一样，它的建造方式决定了它能保持多久。

想想一幢房屋的结构。如果房屋的墙壁建造得有点倾斜，你是否会担心，最终这幢房屋会倾斜坍塌？你的身体和它并没有太大的分别。如果你体内所有的支撑梁都不牢固，无法承重，那么一切都会出现故障：腰椎间盘突出、膝盖突出、髋关节劳损、脚踝刺痛、颈部拉伤、疲劳性骨折等会接踵而至……

你的骨骼依赖你的肌肉才能保持强健，而你的肌肉指望着你让它们强壮起来。健身其实就意味着在你全身各个部位中创造力量，从而打造出一个能够陪你走完一生、让你健康强壮的身体。打造力量就意味着：锻炼。

锻炼意味着货真价实的重负、货真价实的努力、货真价实的汗水。你不能通过想象得到锻炼，你不能通过阅读得到锻炼。但你可以通过认真思考锻炼这个问题、阅读关于锻炼的书籍、查询资料进行研究，最后找到适合你的锻炼项目。

我可以告诉你：如果你从来没有系统地进行锻炼，那么肯定有一个健身项目是适合你的。如果你进行过系统的体育锻炼，却由于种种原因没能坚持下来，那么一定还有另外一个健身项目适合你。

如果你已经是个健身达人了，或者，你已经在花大量时间锻炼肌肉了，那真是太好了！我猜想，你一定找到了适合你的健身项目，并在这个项目上花费了大量的时间和精力。姑娘们，如果你们打算聘请专门的健身教练，或参加健身训练营，或在健身房锻炼，我希望你们首先了解一件事：想要把你的身体塑造成训练有素的运动员的身体，是需要假以时日的，这需要高度的、日复一日的、年复一年的热情、精力和耐心。

适合你的锻炼项目是……

·适合你的水平
·方便易练
·能让你兴奋
·能让你出汗
·能让你坚持
　下去

如果你从来没有系统锻炼过，请对自己温柔一些。你要对自己宽容一些。要知道，你的身体长成现在这副模样，已经历时良久，而非一朝一夕。因此，想要它发生改变，也需要假以时日。你不可能一夜之间、一月之内，甚至一年之内变成一个健美选手。但你现在就可以运动起来，让自己出汗，在这一秒就可以。如果你现在运动起来了，几分钟后你就会感觉好多了。但你绝不能在一夜之间彻底转型。

关键在于，任何事情你必须花时间去学，才能学会。想让自己走上成功的道路，首先要找到正确的方向，一切都是这样。你从幼儿园就开始学习知识，而不是从 12 年级才开始学，这当然是有道理的。想要读《莎士比亚》，首先你得学会字母表。

本书的目的是帮助你和你的身体相连，并让你了解身体的基本需要和基本功能，让你能拥有探索大千世界的知识和信心，并尽可能地将自己打造成一个健康的人。

如果你决定开始锻炼身体，最好的方法是：找到一项既对你形成一定挑战、能够推动你前进，又能让你坚持下去的健身运动。太简单的项目会让你觉得枯燥，而太有挑战的项目会让你沮丧、挫败。找到一个你愿意坚持下去的项目，无论是山地自行车、骑车上班，还是骑健身车。

在你找到了健身项目后，你还必须持之以恒。在你的有生之年，你必须做到持之以恒地锻炼。是的，没错：你必须让至少一项健身运动在你的有生之年一直伴随着你。

因为如果你想保持健康的体魄，你必须坚持锻炼身体。

姿势就是一切

没有一个体育项目和姿势无关。当体操运动员那轻盈曼妙、充满弹性的身体在空中飞跃而过时，裁判的打分标准并不是这一套动作有多大胆或多漂亮，他们看的是一套动作的姿势，看这套动作的姿势是否贯彻了设计这套动作的初衷。

任何一项体育锻炼，都有其行之有效的练习方法。合理的锻炼能打造你的身材，保证你的安全，节约你的能量并让运动量达到最大。正确的姿势能保证锻炼取得预期的成效。姿势是人体正确运动肌肉和它所拥有的各种能力的机制。它能让人体从每次运动中获得最大的收益。

无论是对刚刚开始锻炼、第一次举起杠铃的人来说，还是对已经举重成千上万次的健美运动员来说，姿势都是至关重要的。你走路、跑步、坐着或锻炼的姿势，和你摆造型的姿势一样，都非常重要。

不正确的姿势不仅意味着你的身体没有好好表现，它还意味着，十

基本锻炼方式

我喜欢不断改变锻炼方式，我喜欢在各种不同的场所进行各种不同的运动，让我的身体得到全面的锻炼。这样能让我保持灵敏、迅捷、强壮、健康、快乐。

虽然我喜欢多样性，但我会经常锻炼腹部，因为腹部是你全身力量的中心！它为你的脊椎骨提供支持，并帮助承受你的体重。当你举重时，如果使用上腹部的力量，会让你保持稳定和平衡，从而让你保持正确的姿势。

锻炼的方法有许多——你可以锻炼不同的肌群，也可以专门锻炼某些特定的肌肉。你可以通过一些同时锻炼好几个肌群和关节的运动，来增强多个肌群的力量，包括一些旨在锻炼胸部、躯干、背部、肩膀、手臂、臀部和大腿的主要肌群的运动。或者，你也可以进行一些只针对某些特定肌肉——比如腹部肌肉、腰背部肌肉、腿后腱、股四头肌、二头肌或小腿肌肉——的运动。

无论你采用的是哪种方式，锻炼相互对抗的肌群（对抗肌）是个不错的点子，因为这样做能防止肌肉发展不均衡。腹部和背部、腿后腱和股四头肌——这些都是应该同时锻炼的对抗肌。

有八九你在伤害自己。也许这并不是你第一次姿势不正确，不正确的姿势如果长期积累，迟早会给你带来伤害。因此在你进行锻炼前，请确保你已经通过可靠的渠道，学会了正确的姿势。

注重姿势

如果你参加了一个小组健身项目，比如瑜伽课、动感单车课，你该告诉教练，你认为姿势很重要，你欢迎教练为你纠正姿势，你想得到更多的一对一关注。如果你有一名私人教练，你该请他关注你的姿势，只要他认为有必要，就随时为你纠正，直到你学会正确的姿势。

给锻炼加点油

在你锻炼身体前后，你该为身体提供一些运动、修复身体所必需的东西：营养物质和水。这是非常重要的。营养物质和水能让你的身体为接下来的锻炼做好准备，也能在锻炼之后，让你的身体有自我修复和重新储存营养的机会。

我在锻炼前、锻炼中和锻炼后喝水。我也在锻炼前、锻炼中和锻炼后补充营养。我补充的是复合碳水化合物。如果你希望自己开开心心地锻炼，并发挥出自己的潜能，你该在锻炼前和锻炼后分别吃上一餐，你吃下的食物中应该包含充足的碳水化合物和蛋白质，碳水化合物能为你提供养分，而蛋白质能让肌肉得到生长和恢复。

当你摄入碳水化合物时，没被身体立即利用的那一部分能量（葡萄糖）会以糖原的形式，储存在你的肝脏和肌肉中。糖原是你身体的能量储备。如果你消耗完了上一餐中摄入的所有碳水化合物，你的身体就能轻易地从糖原中获得营养，支撑你坚持到最后。

营养物质让你能支撑下去。水让你的细胞不脱水、给你降温，并补充你通过流汗所失去的水分。下面我们来更加详细地说一说，你的身体在锻炼前、锻炼中和锻炼后分别需要些什么：

锻炼前两小时

水分： 在你运动前两个小时左右，至少喝下两杯（约 450 毫升）的液体，最好是白水。然后大约在运动前 15 分钟时，喝半杯到一杯以上的水，让你体内储存的水达到需要量。

营养物质： 在你开始进行中等强度的锻炼（比如，慢跑五公里）前，摄入一定的碳水化合物、蛋白质和脂肪。你为何要摄入这些物质？原因是：如果你只吃碳水化合物，它们很快就消化完了。添加一些脂肪或蛋白质能减缓消化过程。另外，蛋白质有利于肌肉恢复。所以，如果你只吃一片全麦吐司是不够的。如果你只吃下一些鳄梨（脂肪），也是不够的。如果你为了获得蛋白质，只吃了一些奶酪，同样还是不够的。但如果你吃了一片全麦面包外加鳄梨和奶酪，你就拥有了长时间运动所需要的能量。

还有一点很重要：如果你无法在运动前两个小时补充营养，因为你要在清晨五点半运动，那么就算吃下几口麦片、一片有杏仁奶油的吐司，也对你大有好处。哪怕再过半小时你就要运动了，吃点什么也对你有好处。在运动前，不需要吃下很多东西，只需要在胃中装一点东西就好。这就像是在告诉你的胃，你知道它此时需要养料。它能唤醒你的身体、加速新陈代谢、确保你的身体会利用葡萄糖、糖原、脂肪，为锻炼提供营养，而不会损伤你宝贵的肌肉。永远不要空腹运动。

锻炼过程中

水分： 每过 15 ~ 20 分钟，喝 6 ~ 12 盎司（170 ~ 340 毫升）水。通常你喝的一大口就是一盎司水。无论我所做的运动有多么累人，只要我不断喝水，我就能不断补水，不会脱水。

营养物质： 如果你在进行耐力训练，比如为参加马拉松比赛而训练，你必须快速获取现成的营养物质。可以咨询一下你的教练，什么样的零食能让你马上获得额外的葡萄糖。你所需要的营养物质的数量和类型，取决于你每日总共消耗的能量、运动的类型还有各种环境条件。

锻炼之后

水分： 尽快补充水分。准备好一大瓶水，供锻炼结束后饮用，这是必需的。

营养物质： 在进行高强度的锻炼后，很多人都会感到疼痛不适。疼痛的一个原因是，经过锻炼，你的肌肉组织会自我修复，让你能长出新的、更强壮的肌肉。在锻炼后的修复阶段，你的身体进行修复并重塑肌肉（这就是"健身"的含义）。制订一个"修复计划"，包括做出明智的营养选择，能帮助你更快更好地得到修复。

人体一般在锻炼后的 45 分钟到 1 个小时之间进行修复，所以，你该试着在那个时间段吃下补充营养的一餐。碳水化合物将补充糖原，蛋白质将帮你修复和再生肌肉组织，所以在较为理想的修复餐中，应该包括碳水化合物和蛋白质（两者比例为 4：1）。修复期是身体快速补充营养、进行修复的黄金时期。如果你没有按时吃下这一餐，那么补给和修复进行起来就没有那么快速了。因此利用这一黄金机会，把你的身体需要的东西给它，让它好好得到修复吧。

进行伸展运动

啊，伸展运动。对我来说，伸展运动是我每天早上、中午和晚上都必做的。伸展运动让我更了解我的身体，让我的大脑放松下来，并让我的肌肉为锻炼时的负重做好准备。

我发现自己一天到晚都在做伸展运动，哪怕只是在等电梯时，我也会弯下身去碰碰我的脚趾；或者，在我早晨煮蛋时，我会转几下脑袋，放松一下颈部。伸展运动离不开呼吸。所以，当你深吸一口气，然后呼出一大口气后，你就让你的身体充满了氧气，并排出了你血液中的毒素（包括你肌肉中的乳酸）。呼吸和伸展运动就像一个迷你的排毒所。它在帮你净化大脑的同时，净化身体。关于伸展运动对身体和大脑的好处，我们将在第24章中继续深入探讨。

伸展运动也是结束一天的好办法，因为从本质上说，伸展运动是在释放已经积蓄的能量。或许，我只是躺在床上，扭几下身体，做几下深呼吸。或许，我会将膝盖放在胸口，进行深呼吸。或许，我会坐着做几个伸展动作，伸出手去触碰我的脚趾。伸展运动就像一个大大的呵欠，释放疲倦，为身体带来新的能量。

一些针对你的颈部、肩膀、躯干、臀部、双腿和脚踝的主要肌肉和肌腱的伸展活动和柔韧性练习，还能同时让你拥有更优美的姿态和更优秀的平衡能力。无论你现在几岁，无论你的身体是否灵活，经常做伸展运动能够增加你的柔韧性，让你的身体活动范围变得更广。相信我，这正是你所需要的。随着年龄增加，身体的柔韧性会逐渐下降。有个好消息是，柔韧性可以通过运动得到增强。试着每周做两到三次伸展练习，在三到四个星期后，你就会看到成效。

当前的研究告诉我们，在你的肌肉比较温暖时，比如，在锻炼过后，进行柔韧性锻炼是最有成效的。就我个人而言，我总是让伸展练习成为锻炼过程的组成部分。我通常会在跑步机上先热一热身，然后伸展我所有的肌群，在这之后再做举重练习或抗阻练习。

在开始锻炼前，我会先检查一下我即将锻炼的肌群，确保不存在僵硬的情况。肌肉僵硬会导致肌肉紧张或闭合，这是我不希望看到的。因此，如果我觉得自己的肌肉有点僵硬，我会先伸展活动一下。等到那块肌肉准备好了，再继续运动。

在锻炼的同时照顾好你的身体

在我拍《霹雳娇娃》时，袁祥仁大师和我的教练陈虎对我们说，疼痛会成为我们最好的朋友。当时我对此一无所知，但后来的事实证明，他们的话是千真万确的。他们让我明白了很重要的一点：疼痛和受伤可不是同一回事。在这里我们要说清楚：我可不想让自己受伤，我是想让自己更强壮。

为此你应该给你的肢体提供充足的水分和营养物质。你该学会：如何真正地聚精会神，如何真正地感知你的身体，这样你才知道如何区分两种不同的疼痛：一种是成长的疼痛，即让你生出力气的疼痛；另一种是身体真正受伤而引起的痛楚。

在锻炼过程中，当你的身体疼痛得似乎发出尖叫声时，你一定要问问自己：这是成长的疼痛，还是受伤引起的疼痛？

如何区分两者呢？

受伤：受伤通常会引起快速到来的尖锐的痛楚，这是你的身体向你发出的警报信号。你的身体会在你真正伤害到自己前，向你发出警报，因此你需要尽快做出反应。时刻留意你的身体状况、留意你如何使用你的身体，是非常重要的，原因就在这儿。

疼痛：如果你只是因为达到力量的极限而感到不舒服，比如你正努力保持一个瑜伽姿势，还要再坚持好几秒钟，或还要再做一次二头肌训练，那就试着再坚持坚持，如果你还能坚持下去的话（如果实在坚持不了了，那就休息一下）。这种疼痛你并不需要害怕：这是成长引起的疼痛，它值得你去挑战自己的极限。

我很喜欢一句话："疼痛是软弱正在离你而去。"了解这点真是太棒了，不是吗？当你奋力前行，来到疼痛的彼岸，你就变得更强壮了；你放手让软弱离你而去，让自己的大脑和身体变得更有韧性。因为，当你实际上还能坚持下去的时候，你越是能够坚持下去，你的大脑就越能随之适应——你的大脑将会知道，它有能力做到这些，它会给你力量，让你忍着疼痛坚持到底。你的大脑并不一定要害怕下一个回合的练习，因为你能感知你的身体，你的身体可以信赖你：是否该在把自己弄伤前停下还是该继续坚持、塑造力量和能力，你可以替它做出决定。要知道你的身心是协同运作的。

学会区分疼痛和受伤这两种不同的感觉，也是身体锻炼的一部分。一旦你学会了区分，你就能取得更大的进步。一旦你找到了两者的分界线，你就学会了如何安全地穿越。因为有一些疼痛，正是成长所必需的。

流汗越多越好

锻炼过后，我们不仅仅是脸色红润、微微出汗，而是大汗淋漓。我们应该这样大汗淋漓，因为如果锻炼身体的强度达到了让人大汗淋漓的程度，那么很多让人惊叹的好事就会发生。

在一个非常有趣的周六，我和我的侄子、侄女去一个巨大的室内游乐场。游乐场里放满了蹦床，从一侧墙壁到另一侧墙壁，满满一房间的蹦床！这简直就像天堂一样。你可以从一个蹦床上跳到下一个蹦床上，再跳到下一个……这真是太有趣了——所有人都大汗淋漓。我们——一群 14 岁的孩子和一个 40 岁的我，就这样从一个蹦床上跳到另一个蹦床上。

如果你希望自己能增强体质，你就必须对各种不适安之若素。

一小时后，我们都在放声大笑，我们也都筋疲力尽、大汗淋漓，全身都湿透了，浸泡在汗水中。我看着孩子们，说："这样出汗痛不痛快？"

他们都说："痛快！"

我说："我每天都这样出汗。"

他们闻言大吃一惊："每天？"

我说："没错，每天。"

"你在做什么？"

"跑步，徒步，进行力量训练。"

我开车带他们回家。下车时，他们指着他们家附近的一座小山问我："如果我们每天跑上这座山，再跑下来，我们会这样大汗淋漓吗？"

我回答："会！你们会的。"

于是他们兴奋极了。因为他们想起了刚才自己大汗淋漓时的感觉，那种感觉是多么棒啊！运动起来，让我们的身体从椅子上、轿车里、办公室的小隔间中和沙发上解放出来，让我们的手臂和双腿飞翔起来！让我们的身体做它们该做的事。

我喜欢流汗，我喜欢训练，我喜欢塑造肌肉，我喜欢肌肉带给我的力量感。除非我哪天停下来休息，我的确每天都让自己流汗。流汗是一种乐趣。我们女人应该多多运动、多多流汗。

当你提着自由重量器械运动起来，你的脸开始感到温热、你的运动文胸上出现了一圈汗迹的时候；当你系紧鞋带跑上泥路，突然你的全身都冒出了薄薄的一层汗的时候，你就知道，是运动在起作用了。流汗告诉你，你做的是对的。

CHAPTER 21 | 女性的身体

嗨，姑娘！在前面几章中，我们已经花了不少时间，讨论了作为人类的身体，以及为了让你拥有健康体魄，你所需要的营养和运动。在这一章中，我们将稍微岔开一下话题。因为，你的身体不仅是人类的身体，而是一个女人的身体，一个美好的、奇妙的、令人惊艳的女性的身体。所以，如果你希望自己健康，你得了解一些女性的生理需求、生理部位、生理激素和生理周期。

了解你的私密部位

做一个女人，可不仅仅意味着每天要戴上文胸、每月要流一次血。女性特殊的身体构造漂亮、复杂、神奇。它和情爱有关，也和女性功能有关。它能排出废物，繁殖新的生命，并为新生命提供营养。它会让你愉快得战栗，也能给别人带来愉悦。你的阴道是一个不可思议的、美好迷人的地方，它能激发艺术、激起欲望，它也是人类来到这个世界上的必经之路。

但你对自己的私密部位有多少了解？你知道自己的生理周期什么时候开始吗？你知道排卵究竟是怎么一回事吗？或者你知道让自己怀孕有多么容易，或是多么困难吗？你知道子宫和子宫颈、阴道和阴唇、雌性激素和黄体酮有何区别吗？你知道它们每个月在你体内扮演着什么角色吗？你太幸运了。我从妇产科医师戴安娜·查维金医生那儿得到了不少信息，她让我了解了有关我们私密部位的种种真相。多亏了她，我们才能把许多知识点串联起来——营养和体重将如何影响你的生理周期，还有每个月中你的阴道分泌物为何会不断发生变化（哦，得了，我知道你早就注意到这个了），还有，保持健康如何能让性爱更加有趣。

医学上将女性的私密部位分成内生殖器和外生殖器两部分，长在体表的即为外生殖器，长在体内的即为内生殖器。外生殖器包括阴蒂、大阴唇、小阴唇和前庭大腺；内生殖器包括阴道、子宫、子宫颈、输卵管和卵巢。

我们对我们自己的身体竟然如此缺乏了解，这点简直让人疯狂——你知道吗，当你低头望向自己的时候，你以为看到了自己的阴道，其实那根本不是阴道！那是你的大阴唇！所以看看下面的两张图，再拿上一面镜子对照一下。

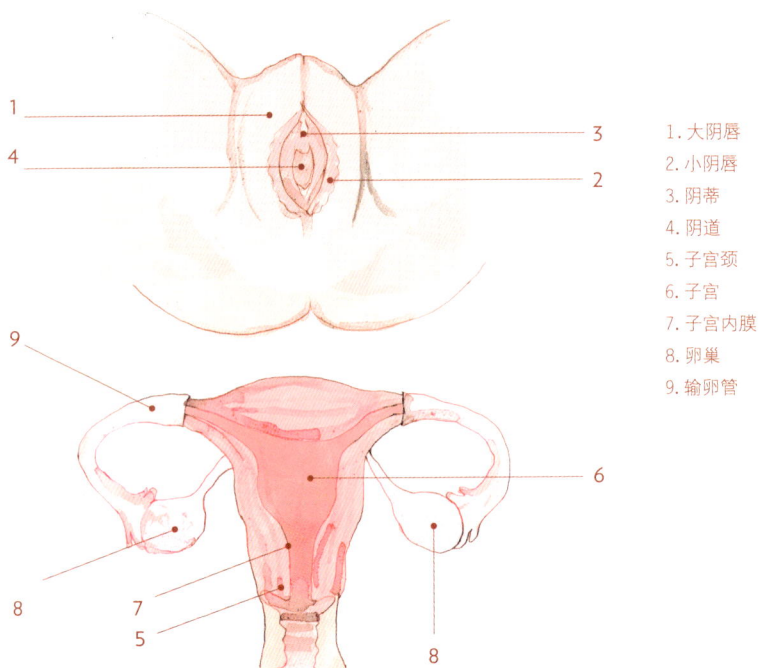

1. 大阴唇
2. 小阴唇
3. 阴蒂
4. 阴道
5. 子宫颈
6. 子宫
7. 子宫内膜
8. 卵巢
9. 输卵管

大阴唇：在你低头看你总称为"阴道"的地方时，被阴毛覆盖的那一部分（如果你没有脱去阴毛的话）就是大阴唇。

小阴唇：小阴唇就在大阴唇的内部，和乳头一样，每个女人的小阴唇都是与众不同的。小阴唇有各种形状、大小、颜色，它们都很漂亮。在小阴唇中，你能找到阴道和子宫的入口。

前庭大腺（图中没有标出）：位于阴道口旁边，能分泌一种黏液，帮你润滑阴道。

斯基恩氏腺（图中没有标出）：这些腺体会在受到性刺激后分泌出一种液体，和性快感有关。

阴蒂：在小阴唇最上端的就是鼎鼎大名的阴蒂，是你的身体中最敏感的区域，古往今来的年轻男人都希望去取悦它。

阴道：小阴唇中的阴道口通向阴道，阴道通向子宫颈。

子宫颈：子宫的入口。生孩子时，子宫颈会完全"膨胀"，或者说"开放"，好让婴儿通过。

子宫：子宫是你的胎儿未来的住所（如果你选择将它开放，供胎儿住进来的话）。

子宫内膜：子宫的内膜。只要你不在怀孕期，你的子宫内膜每个月都会生长变厚，每个月都会脱落，离开你的身体，这就是你会来例假的原因（稍后再做讨论）。

你知道吗，你一生将会排出的所有的卵子，或者说，准备受精的所有卵子，都早已驻扎在你的卵巢中了。自打你还是你妈妈腹中的胎儿时，那些你将拥有或你曾拥有的所有卵子，都已经存在于你的体内了。

卵巢： 卵巢是椭圆形的小腺体，在子宫两侧各有一个。卵巢中含有你与生俱来的所有卵子，卵巢也能分泌激素。

输卵管： 卵子在卵巢中发育成熟，并在排卵期中被吸到输卵管中——这时一个卵子出现，等待着可能发生的受精。输卵管是精子和卵子相遇的地方，受精过程也在这儿发生。几天之后，受精卵，或者说胚胎，将来到子宫中定居下来。

阴毛礼赞

我听说，时下有个风尚，许多年轻女性都会用激光除毛术，脱去她们私密部位的所有阴毛。所以，在这里我想说说，包围在你那朵绚丽、纤弱的花朵周围的阴毛，是多么棒的屏障。

据我们所知，从医学角度来说，脱去阴毛对女性并没有任何好处。所有健康的女人，只要到了一定年龄，都会长出阴毛，因此它很可能有一些进化上的优势，既然我们都有阴毛的话。至于到底有什么好处，人们有许多猜测……比如，阴毛有可能会缓解性爱给外阴部带来的磨损。或者，阴毛中有可能含有外激素——一种能让我们的爱人觉得性感的个人体味。一些医学证据表明，除去阴毛会导致感染或阴毛内生等问题，还会令罹患性传播疾病和其他皮肤病的风险升高，因为阴毛减少就等于皮肤接触增多，从而有可能让你传染别人的疾病。

就个人观点而言，我认为永久性激光除毛真是太疯狂了。永久？我知道，你也许认为，你会永远只穿同一种风格的鞋子、永远只穿同一个款式的牛仔裤，但你不会这么做的。嗜好没有阴毛的阴道，只是最近才出现的现象——而一切风尚终将改变，一切流行的，都不会长久。

阴毛也是一块美丽的窗帘，它们会给向你求欢的男人带来一点神秘感。阴毛把好东西藏在了里面，这能引诱你的情人，过来一探究竟。还有，让我们实话实说：就像你身体的其余部位一样，大阴唇也会受到地心引力的影响。你真的希望在你的有生之年，一直让外阴无毛吗？

这当然是个人的选择，但我想在此表明我的立场——女士们，请考虑考虑让你的外阴穿上这件衣服吧。20年后，你仍然会想把它献给某个特殊的人，让他像打开礼物一样探索它，会很不错（当然，略加整理阴毛，永远都错不了）。

乳房

自古以来，我们美丽的乳房，就是营养的来源、青春期前的奇观、艺术作品的表现内容、情人的挚爱，以及一大堆杂志的主题。有的乳房像巨大的钟摆，有的却像俏丽的小苹果。有的需要坚挺的文胸来支撑，有的却喜欢那种宛若不存在的棉质窄边文胸。无论它们看上去是怎样的，也不管你喜欢的运动文胸是什么款式的，你的乳房和别人的乳房有许多基本的共同之处。无论形状如何，大小如何，乳房——或者说乳腺——是经过改良的汗腺，它主要的生理功能是为幼儿产乳。没错，它们很性感。没错，穿上性感内衣后它们很性感。但从本质上说，它们象征着人类对食物的需要。你妈妈的乳房喂养过你，你的乳房将喂养你的孩子。如果有男人看到这里的话，我想告诉他，不好意思——女人的乳房，并不仅仅是在女人和你说话时，让你盯着看个不停的东西。

如果你现在还没有养成每年进行一次妇科检查，并做子宫颈抹片检查和乳房检查的习惯，那么现在赶紧开始。我有个朋友，会在每年她生日前后去做妇科检查，因此她从来不会忘记这件事。真的，这样的确很完美——随着时间流逝，一个健康的身体，还有未雨绸缪、防患于未然、拒疾病于千里之外，就是她送给自己的礼物。

你的乳房像是三个同心圆。最大的圆圈是乳房。其次那个是你乳头周围的乳晕，它的颜色从淡粉色到深玫瑰色不等。最小的圆圈是我们的乳头。乳房里面是脂肪组成的结缔组织、淋巴组织，最里面还有一层肌肉。

尽管研究尚未证实，乳房自检能提高患乳腺癌女性的生存概率，但对女人来说，了解自己的乳房是非常重要的。乳房每个月中都会发生变化，所以了解这一周期，能够帮你觉察乳房中可能正在发生的变化。

30岁以下的年轻女性，如果在乳房中发现了肿块，肿块通常是由于正常的激素变化引起的。这些肿块会在整个生理周期中不断变化，并在生理周期结束后随之消失。如果在度过了一个或多个生理周期后，肿块还没有消失，那么你该去看医生了。

超过30岁的女人，如果摸到了乳房肿块，应该马上去看医生，做乳房检查、拍乳房X线照片。通常需要做个超声波检查或组织切片检查，才能诊断出肿块是恶性的（致癌的）还是良性的。

生理周期

我敢打赌，你第一次来大姨妈时，一定兴奋极了，说不定还有一点儿被吓坏了。从那时起，你就学会了如何使用那一大堆包装鲜艳的软绵绵的东西，商店的一排货架上都是这种东西。或许你要开始避孕了，或许你用不着，或许你还是一个处女。也许你有过生理周期推迟了几天的经验，在那几天里你终日惶恐，担心着各种可怕的后果。看到双线出现，你也许会不知所措，也许会高兴地跳起来（或者，由于没有看到双线，你松了一口气）。

"月经"的词根，是拉丁文"每月一次的"。你也许听说过，生理周期"通常"是28天。事实上，大多数女人的生理周期从24天到35

天不等。20% 育龄女性的生理周期，少于 24 天或多于 35 天（所以，如果你的生理周期不是 28 天，也是很正常的。不过如果相差得太远，可能是健康出现问题的标志。这个问题会在下文中再做讨论）。你不会按照日历逐年逐月地计算你的生理周期，你会按照自己的规律来计算。你的生理周期从经血完全流出的那一天开始（点点滴滴的少量经血不算），一切都围绕着一个非常微小但非常重要的决定因素——卵子展开。

关于卵子的一切

每个月，自你第一天行经开始的两个星期之后，你的卵巢将会释放出一颗成熟的卵子，等待受精。

在你还是个只有 20 周大的胎儿时，你的卵巢中蕴藏着 600 万颗卵子。在你出生时，就在你开始放声啼哭，而你的母亲开怀大笑的那一刻，你小小的身体内大约有 100 万颗卵子。在你的乳房开始发育时，你大概还有 30 万颗卵子。在你年近三十时，你还有许多许多的卵子，你的生育力很强。女性的生育力会不断下降，因为女性的卵子会随着年龄不断增长而减少，此外，卵子也会随着时间流逝逐渐死亡，这是一个完全自然、健康的过程。[57]

很多女性从 30~35 岁开始，生育能力开始下降，而在 35 岁以后、40 多岁时，这一趋势更为明显，因为到了那个年龄，女性卵巢中的卵子更少了。等你进入更年期停经后，你基本上就没有卵子了。

可你也不必因为没有 600 万颗卵子随时待命而感到紧张。你要知道，在你的所有卵子中，只有 300~400 颗卵子会得到征用，前往执行潜在的使命。你有一支大军等候在旁，但只有其中被选中的少数，会陪你经历生理周期。

在红色浪潮中冲浪

你的生理周期分成三个阶段：卵泡期，卵子在这个阶段中生长发育；排卵期，卵子在这个阶段进入输卵管；黄体期，子宫内膜在这个阶段中剥落。控制生理周期的是我们的激素，包括促卵泡激素、促黄体激素、雌激素和黄体酮。

每个月，你的身体都会用子宫内膜在子宫里铺上一层衬里，准备好一张松软舒适的温床，为可能发生的受精做好准备。如果没有受精，因此也没有必要再在子宫中搭建这张温床的时候，你的身体就会清理这个空间，将这层准备安置受精卵的衬里撕去，并为下一个月可能会入住的客人做好准备。

你的身体开始清理并撕去这层衬里的时候，就是你的生理周期开始的时候。

卵泡期

在显微镜下可以看到你的卵子。卵子是人体中最大的细胞，但它们仍然是细胞，因此人类的肉眼无法看到它们。每一个卵子上都包着一个卵泡。

从卵子形成到月经开始，整个过程是激素上演的一场精致的舞蹈，其中的几个主要舞者是：

雌激素：你的生理周期开始于体内雌激素和黄体酮水平的下降，两种激素的下降引起了子宫内膜的剥落。当你看到你的内裤上出现血迹时，你就知道例假来了（但是希望血迹没有出现在你的白色牛仔裤上。悄悄告诉你一个小窍门：想要洗掉血迹，该用冷水尽快洗掉，别用热水。热水会让经血中的蛋白质凝固，让血迹更不易洗掉）。

促卵泡激素： 随着四处飘动的雌激素减少，促卵泡激素登台了。促卵泡激素通常受到雌激素的抑制，因此随着例假的到来，促卵泡激素将上场采取行动：招募卵泡，生产卵子。促卵泡激素会刺激 12 颗左右的卵子生长发育，启动下一个月的生理周期。

在卵泡期，对促卵泡激素最为敏感的卵泡生长得最快，它将产生雌激素。雌激素的出现告诉大脑，促卵泡激素已经完成使命了，卵泡已经准备好了，促卵泡激素的工作可以缓一缓了。随着促卵泡激素的减少，只有最敏感的卵泡能够继续生长，其他的卵泡无法继续生存下来，就一一死亡了，让唯一一颗卵子胜出（很有希望是适应性最强的那一颗）。这就是为什么通常情况下，只有一颗卵子成熟，并且在每个排卵期中，只有一颗卵子会被释放出来（异卵双生的情况除外）。这正是你的身体做出的令人惊讶的协调行为，你的身体能让一切向着它预期的方向发展。

卵泡期通常会持续两个星期左右，对许多女性来说，这一时期可能会更长或更短。卵泡期长短的不同,正是我们的生理周期长短不同的原因所在。

排卵期

大约自例假第一天算起的两个星期后，卵泡和卵子准备妥当了。当雌激素达到一定水平时，促黄体激素的水平就会升高，引起一连串事件的发生，最后，卵子将被释放出来，卵子将从卵巢表层来到腹腔中，输卵管会像吸尘器一样，将卵泡吸进去。

你也许注意到，随着你每个月生理周期的变迁，子宫颈的分泌物会发生变化。在你的月经刚结束时，分泌物不多。随着激素水平的改变，你的身体为潜在的受孕做好了准备，分泌物也发生了变化。在排卵期即将到来前，雌激素水平增加，子宫颈的分泌物发生了改变，目的是帮助精子穿过子宫颈。分泌物会变得像蛋白一样黏稠，但不是特别黏稠。如果在排卵期即将到来前，你发生了不安全的性行为，分泌物就会帮助精子，一路前行找到那颗成熟的卵子。这又是大自然母亲的天才设计。

黄体期

就在卵子排出之后，如今已经空空如也的输卵管又发生了改变：黄体，它会分泌出黄体酮，让你的子宫变成假想中的受精卵的大本营。在排卵结束后，子宫颈开始分泌另外一种更有敌意的分泌物，这种分泌物能阻止精子穿过子宫颈。因此在这个阶段中，子宫颈的分泌物会变得非常黏稠，这是再正常不过的了（高水平的黄体酮的作用）。

卵子被释放出来后，它在接下去的 12 到 24 个小时之间有受精的可能。但一些研究发现，在卵子排出后的 36 小时之内，仍然有受精的可能。精子能在女性的阴道中存活 48～72 个小时。在你发生性行为的时候，如果你的身体没有排卵，也并不意味着你就不能怀孕了！有可能一颗在你发生性行为后排出的卵子，遇到了在你体内游荡的精子，它等着那颗卵子出现，已经等了两三天了（如果你问我，我可得说，这真是太神奇了）。

在排卵前 6 天到排卵后 3 天的时间段中，只要你发生过一次性行为，就有可能怀孕（当然，前 6 天和后 3 天都是极端值）。一般在排卵前 3 天发生性行为而怀孕的居多。

但如果你那颗小小的卵子被避孕套、节育环、避孕药、孕酮注射液等保护了起来，或者遭到了旧式的拒绝"不了，谢谢你，我今晚想睡在自己的地方",那它就会死亡,子宫内膜就会剥落,也就在这时,你吃完晚宴回家,发现你那件漂亮的蕾丝内裤被弄脏了。

体重如何影响你的生理周期

当你的生理周期变得不规律——或彻底消失的时候,很有可能有什么东西正在扰乱你的激素环境。

生理周期消失是一件严重的事情。不规则的流血,说明你的生理周期不一定正常。如果你有一个月没来月经,有几个因素值得怀疑。如果你有性行为,你就有可能怀孕了。但在你气喘吁吁地冲到药店里做妊娠检查时,发现你根本没有怀孕怎么办?如果你的生理周期,就这样……凭空消失了呢?

多囊卵巢综合征

女性生理周期紊乱的一个常见原因是多囊卵巢综合征,这一疾病通常和过度肥胖有关,并且会因为肥胖变得更糟。我们已经说过,肥胖会从多个方面影响你的健康,这又是一个:你的生殖健康也会受到过度肥胖的影响。

罹患多囊卵巢综合征的妇女的卵巢中可能也有许多卵子,但它们无法被顺利排出。不能排出卵子意味着,在雌激素的作用下,子宫内膜将不断增厚。一个没有卵泡期的生理周期可以长达 3~8 个月,在这期间一次正常的月经都没来,因为子宫内膜太不正常了。断断续续的出血会持续一个月左右,这不是正常的月经,因为它和卵巢活动无关。

过度肥胖会让女性更容易出现无排卵周期和不规则出血。多囊卵巢综合征不但会影响生育能力，还会让女性罹患子宫内膜癌的风险升高。如果你的月经不规律，怀疑自己得了多囊卵巢综合征，赶紧去看医生。

营养

如果你是一名最近体重大减的年轻女性，或者，如果你是一名进行大量体育锻炼，却没有吃对食物的年轻女性，那么你的生理周期消失，可能应该归咎于能量匮乏：你消耗的能量比你摄入的能量多得多，所以你的身体没有足够的资源来维持一个正常的生理周期了。

有一点很重要，你该记住：你的生理周期并不仅仅和生育有关。一个正常的生理周期，标志着你的身体健康、身体功能良好。如果你没有排卵，因为你太瘦了，或者你锻炼得太多了，那么你的卵巢就不会产生雌激素，这将对身体健康产生严重影响。雌激素不足，会引起骨骼不健康，以及其他各种副作用。根据奥蕾莉亚·娜缇芙医生——美国加州大学洛杉矶分校的校队队医、美国体操协会和其他全国体育管理机构的医学代表——所说，由于运动强度过大，而引起生理周期消失，有可能说明你患有女运动员三联征。女运动员三联征是如下三种症状的并发：能量缺乏，无论是否患有饮食失调症；不规则的生理周期；骨质疏松或易患疲劳性骨折。[58]

一旦发生骨密度流失，再想挽回是很困难的。你必须拥有足够的能量来恢复你的生理周期，这就意味着，你体内的能量一定要供过于求，才能分泌更多的雌激素，雌激素有助于保留骨密度。这就意味着，如果你现在体重过轻，你需要增加体重，才能恢复生理周期——你应该这样做。如果你有超过一个月的时间没有来例假，并且你最近体重减轻了很多的话——和你的医生谈谈。

生理期和食欲的关系

你也许注意到，就在你来例假的前几天，你突然很想吃巧克力块、双份的意大利面，还有一切时髦的小吃。

这样的食欲和饥饿是两码事。就像我们先前讨论过的一样，引起饥饿的原因是，你的细胞需要养分。而食欲和营养没什么关系，不然，我们该想吃羽衣甘蓝、芽球甘蓝，而不是比萨和冰激凌。食欲背后隐含的生理机制非常复杂，生理学家和其他研究人员至今还没有弄清这究竟是怎么一回事。

不过，姑娘们，如果你也会在每月例假来潮前的几天，疯狂地想要大吃特吃碳水化合物一类的食物，你并不孤单！麻省理工学院曾经进行过一项研究，研究人员跟踪调查了一些体重正常的志愿者在例假前几天和几周后——也就是她们经历经前综合征期间——的饮食模式。结果他们发现，在例假前几天，接受调查的女性会多吃大约1100卡路里的零食！我还有一个好消息要告诉你：一旦经前综合征结束，姑娘们因为大吃零食而增加的体重，会随即消失。

这对你来说意味着什么？如果你想瘦身，你不想受到食欲的诱惑、偏离正确的轨道，那么你可以去吃一些能满足你身体所需营养的健康食品。别再吃炸薯条了，试试淋上橄榄油、撒上海盐的烤红薯，或者切片的鳄梨，并配上番茄、柠檬和香菜，给你自己提供最大份额的碳水化合物和脂肪，来满足你的食欲。在我想吃咸脆食品时，我最喜欢的是吃上一大碗自制的爆米花。

经前综合征

女性杂志中常常提到经前综合征，你会来例假，并不意味着你一定会有经前不适症状。而你有经前不适症状，或者你在来例假前会变得更情绪化、更爱吃零食，并不意味着，你的健康一定出了什么问题。

经前综合征指的是：如果你没有服用避孕药丸，在你生理周期的后半段时间中出现的一组从生理上和行为模式上对你构成影响的症状。总的来说，在你来例假前，你感觉糟透了。在你的整个生理周期中，你的身体组织能够察觉到，雌激素水平和黄体酮水平在何时产生了变化，而这些变化将影响血清素等一些会影响情绪的物质。

我们不清楚，为何有的女性在经前会变得易怒、焦虑或身体肿胀，而有的女性并不会。最合理的解释是，反应比较大的女性有可能对激素变化更敏感。

· 生理周期规律的女性中，有75%罹患轻微的经前综合征。症状包括疲劳、易怒、身体肿胀、焦虑、爱哭和食欲变化。

· 只有很少一部分女性会经历严重的经前综合征，严重的经前综合征也称为经前情绪障碍症，常见症状有：强烈的生气、易怒和紧张，干扰了正常的生活。经前情绪障碍症影响着3%~8%的女性。如果你认为自己有可能得了经前情绪障碍症，赶紧去看医生。

怀孕时的阴道

当你怀孕时，你会经历许多明显的变化，而生活在你阴道中的细菌也是这样。我们已经讨论过，你身上的第一批细菌来自哪里：如果你是通过阴道分娩出生的，那么它们来自你妈妈的体内。对你和你的孩子也是一样的。所有哺乳动物都在无菌的子宫中发育，当胎儿离开产道，来到这个世界上时，他们就会经过阴道，阴道中充满着乳酸菌——一种让牛奶发酵的细菌。阴道分泌物会覆盖在胎儿的脸上和嘴巴上，将若干乳酸菌——它和帮助人类消化乳汁的细菌是同一种细菌——传输到胎儿体内。这是多么神奇啊！哺乳动物需要细菌来消化乳汁，这是他们获得养分、生存下去所必需的一种细菌，而他们母亲的阴道中恰恰就含有这种细菌。

玛利亚·葛罗瑞娅·多明戈贝罗博士等一些科学家，已经意识到，剖腹产和阴道分娩可不是同一回事。剖腹产是一个非常好的手术，它能拯救母亲的生命。但如果为了方便而采用剖腹产，产下的婴儿就错过了他们人生中的第一批重要细菌，正是这些细菌启动了他们的微生物群落。研究表明，剖腹产和缺乏健康的细菌菌落，会造成过敏、哮喘[59]、1型糖尿病、儿童肥胖症[60]等疾病发病率的升高。

我曾去纽约大学玛利亚·葛罗瑞娅博士的办公室拜访过她，她跟我提到，她正在为需要进行剖腹产且身体健康的准妈妈们开发一套新的程序。在妇女临盆前，将一块纱布放在她的阴道中，让纱布吸收阴道中的细菌——如果胎儿从阴道分娩，他们吸收的正是这些细菌。在通过剖腹产手术给孩子接生后，就用这块纱布涂抹婴儿的脸蛋和嘴唇，从而把这些有益细菌传递给孩子，这样就恢复了大自然的初衷。

真的，在了解这些后，有整整一个星期，无论我走到哪里，我都会不断告诉别人，阴道是多么神奇。在一次晚宴上，有一些宾客无法相信，我竟然会在宴席上说出"阴道"这个词。在我姐姐家中，我的侄女不得不承认，从阴道中出生也有好处。我的侄子希望我别再说下去了。在一个朋友举办的婴儿洗礼中，在场所有的女性都认同这套理论，因为怀孕的女人真的必须了解她们的阴道。

这是我们的身体，姑娘们！说说并没有什么不可以。让自己舒适、让自己真实、让自己明白、让自己健康，才是最重要的。

性爱和女性身体

女性的身体有其特定的功能，但在我们的身体行使这些功能时，也能给我们带来乐趣。如果你现在有性生活，我希望、我建议、我坚持——你该去见见妇产科医生，做好防范措施，保护好自己，别让自己暴露在性传播疾病和意外怀孕的危险中，因为它们有可能会在很长一段时间中，影响你的健康和你的整个人生。

想要保持性健康，还有一个方法：锻炼！查维金博士曾告诉我，保持健康对性生活会产生巨大影响。随着年龄增大，我们的盆底肌会松弛，这将大大影响床笫之欢。盆底肌松弛和许多因素有关，比如肥胖、阴道分娩和遗传等，它也很有可能是多种因素共同作用的结果。它通常会成为老年生活中的问题，但一些三四十岁的女性也可能会产生这些症状。

经常进行体育锻炼，做一些旨在改善盆底肌的练习，比如凯格尔练习（见下文），能帮助我们保持盆底肌的强健。拥有健康的体魄，不但能减少日后盆底肌松弛的机率，还能提高性爱和性高潮的质量。谁能反驳这点吗？

如果你的身体健康，你会觉得自己非常性感。因为如果你觉得自己身体健康强壮、非常舒适，那么无论走到哪里，你会更有信心，并能得到更多享受，包括在床上，即使你不是为了睡觉才躺上去。

如何进行凯格尔练习

凯格尔练习旨在增强骨盆底的肌肉，以及支撑膀胱、子宫和内脏的肌肉。
具体练习方法如下：

1. 找到那些肌肉。你可以躺下来，将手指放入阴道中，然后挤压阴道，如果你的手指产生了绷紧感，就说明你找到了那些肌肉（你也可以在小便时找到它们：你可以试着用力，让尿液中途停止）。

2. 在你找到那些肌肉后，你可以在膀胱放空的时候练习，就这么做：
   · 收紧骨盆底肌，保持 10 秒钟。
   · 完全放松骨盆底肌 10 秒钟。

你可以如此做上 10 组，每天做 3 次。你可以在站着、坐着和躺下时练习。但不要过头！超过推荐运动量，不会让你拥有钢铁一般的阴道，反而会引起肌肉疲劳，会让可能存在的问题更加严重。

CHAPTER 22　　**睡眠的 ABC**

现在，你度过了美好的一天——你锻炼过了，你流了汗，你感觉到内啡肽在你的体内涌动，你为自己提供了塑造骨骼、修复肌肉所需要的营养。现在，你该做能为你的身体做的最重要的事了——休息。

睡眠对我非常重要。我睡觉时不开灯，我戴上睡眠眼罩。我需要一个黑暗的、安静的空间。因为睡眠的时候，是我的身体休眠、进行修复、补充能量的时候。如果我得到了充足的睡眠，我的记忆力会更好，我更能集中精神，我的身体也能完成更多工作。

你一定了解，被剥夺了睡眠是什么样的感觉——一切都糟透了。你会变得易怒、无法集中精神。你也许会想要乱吃零食，因为你的身体在到处寻找能量。

如果你连续几晚都没有睡好，你的体内会产生更多的皮质醇。你会感觉牛仔裤变紧了，因为皮质醇会鼓励你的身体，在腹部囤积脂肪。你会变得喜好争论，你会犯下更多的错误，有可能你还会发生意外。

事实上，人类历史上几次最重大的事故，都和缺乏睡眠有关。1986年，发生了切尔诺贝利核泄漏事故。1989年，埃克森瓦尔迪兹号邮轮在阿拉斯加海湾发生大量石油泄漏。最近，一名疲惫的银行职员，本该转账60欧元，却错误地转了几亿欧元，因为他倒在键盘上睡着了。[61] 每天都有事故发生，因为肇事者太累了！全美睡眠基金会的报告显示，每年有10万次车祸的直接原因，是驾驶员睡眠不足、昏昏欲睡。在由其他原因引起的每年100万次车祸中，疲劳驾驶恐怕也难辞其咎。医学院学生的研究指出（研究对象是一组长期睡眠质量不佳的人群），每晚睡眠时间少于6小时的人，相比不缺睡眠的人，会容易犯下严重的错误，做出糟糕的决定，更容易酗酒，更喜欢打架，体重更易超标。[62]

错误？糟糕的决定？打架？

考虑一下吧——只要你得到充分的、温暖的、安逸的睡眠，就能避免这糟糕的一切。

人的一生中，有1/3的时间是在睡眠中度过的。如果你今年24岁，其中的8年你都在睡觉。

睡眠究竟意味着什么

所有动物都要睡觉。人类花在睡眠上的时间非常多——人的一生中，有1/3的时间是在睡眠中度过的。如果你今年24岁，那么其中的8年你都在睡觉。所以，睡美人，让我们了解一下睡眠吧。仅仅躺在床上、闭上眼睛，并不算是睡眠。当你真的进入睡眠状态时，你的意识开始减退、感官活动几乎中止，你所有的随意肌都不再活动。你的不随意肌仍然在履行它们的职责——你还能呼吸，你的心脏也在继续跳动——但其他的一切活动都停止了。当你睡着时，你进入合成新陈代谢状态，你的所有系统——免疫系统、神经系统、骨骼系统和肌肉系统——都能从中受益。

快速眼动和非快速眼动

没错，R.E.M. 是一个很棒的乐队，但 REM 也指快速眼动睡眠。快速眼动睡眠指的是睡眠中的一个阶段，在这个阶段中，你的眼睛飞快地来回转动，比你在看网球赛时转动得还快，此时你的大脑活动变多，你的梦境非常生动。快速眼动睡眠占据儿童睡眠总时长的 50%，但只占成人睡眠的 20%。人们至今还不清楚，快速眼动睡眠对人类究竟有何功用，但有人认为，在快速眼动睡眠阶段，我们的记忆银行得到了重新启动，让我们能随着年龄增长，仍然拥有清晰的思维。

然而，大多数睡眠并不是快速眼动睡眠。睡眠由几个阶段和周期组成。在一个快速眼动睡眠阶段之后，是三个非快速眼动睡眠阶段。每晚的睡眠可以由四个快速眼动睡眠和非快速眼动睡眠的周期组成。第一个周期历时大约一个半小时，之后的睡眠周期至多能持续两个小时。在非快速眼动睡眠的最深部分，免疫系统得到加强，人体组织得到修复，骨骼和肌肉得以重建。在快速眼动睡眠的最深部分，在我们做梦时，我们的肌肉会轻度瘫痪，防止我们做出梦境中的动作。

灯光——大脑——休眠

如果你曾经露营过，或曾经在不通电的地方过夜，你就会明白，当天黑了的时候，就该睡觉了。从前没有电灯，当太阳落下后，人们就点燃一两根蜡烛，然后也睡觉去了。等他们醒来，天又亮了——太阳升起来了。而现在，特别是生活在大都市中，灯光会通宵达旦地亮一整个晚上，而且不仅仅是在室外。哪怕在室内，就算你关了台灯和顶灯，我们家里的一切家电还开着，将一束束微弱的光线照到我们的卧室中，于是我们辗转反侧、翻来覆去，寻思着为什么我们睡不着。

我们的睡眠周期受昼夜节律的调控，而后者受光线的调控。你现在明白了吗？在光明中，我们的身体认为我们应该醒着；在黑暗中，我们的身体希望能去睡觉。和我们的睡眠周期相关的是两种激素，这两种激素也会影响我们体重的增长和分布情况，它们是：褪黑素和皮质醇。

褪黑素是专为睡眠设计的。它由大脑的松果腺分泌，在黑暗中被输送到血流中，褪黑素能让我们拥有平静的睡眠。褪黑素大约在凌晨 2 点达到最高值，然后一直处于峰值水平，直到凌晨 4 点，然后渐渐降低，让我们能在早晨醒来，迎接新的一天。

皮质醇是褪黑素的搭档，它让人清醒过来，变得神采奕奕、目光炯炯。它是你的肾上腺分泌出来的，肾上腺就在肾脏的上方。皮质醇水平在夜晚降到最低，夜晚是褪黑素当家，然而到了清晨，皮质醇水平又会上升，让你能早早地醒来。

从前没有电灯，当太阳落下后，人们点燃一两根蜡烛，然后也睡觉去了。等他们醒来，天又亮了——太阳升起来了。而现在，特别是生活在大都市中，灯光会通宵达旦地亮一整个晚上。

我们在第 16 章中讨论过，当你面临巨大的压力时，身体也会分泌出皮质醇。高压意味着高皮质醇水平，所以长期的压力会妨碍你的睡眠。而这件事也会让人充满压力！

现代科技和褪黑素

现代科技是人们失眠的另一个原因。我们的一切电子设备都会发出蓝光（一种短波长光）。人们发现，短波长光会干扰褪黑素的分泌。你已经明白，褪黑素能帮你睡着。然而你的房间里却放满了各种电子设备，比如电脑、手机、电视，它们都会发射出蓝光，从而抑制能够帮助我们睡眠的褪黑素。

你是否有在入睡前一直使用电子设备的习惯？你也许该重新考虑一下。抑制能帮助你睡眠的激素，可不是一个很好的睡眠策略。研究发现，缺少深度睡眠将降低免疫功能，并诱发 2 型糖尿病、肥胖病和心脏病。

所以，赶紧检查一下你的房间。你的房间里有多少发光源，有多少小小的绿色的、蓝色的、红色的眼睛在房间那头向你眨巴眼睛，并在你的梳妆台上投射出五彩缤纷的阴影？在你入睡前把它们全部关掉！拔掉电源，拔掉，拔掉！你可以使用一个接线板，把所有的电器齐刷刷地插在上面，这样你只要按下一个开关，就能切断所有的电源。

你可别耸一耸肩，然后就把这些给忘了！我知道在我们这个时代，这么说有点不太现实，但我们正在逼迫我们的身体适应这个电子时代。从生物学上说，我们的身体还没有赶上时下的高科技。所以你觉得哪件事更重要呢？是便利的生活，还是照顾好自己，包括让自己安睡呢？试一试吧，至少这样试一个星期：

上床前至少一个小时不要用电子设备。

关掉房间中不用的电器，或将它们搬出房间。

在黑暗的房间中睡觉，关上百叶窗。

然后看看你睡得好不好，早上感觉如何。

创造入睡的仪式

在过去 25 年中，我常常四处奔波。我的时区一周一变。我住酒店的时间，比我住在自己卧室中的时间还多。这样的居无定所，会对睡眠产生毁灭性影响。但这样的生活，让我明白了一件重要的事情：创造一套入睡的仪式，是非常重要的。

我很有可能会在洛杉矶醒来，然后赶赴澳大利亚的悉尼，那里的时间比洛杉矶早 19 个小时。很可能第二天我需要在早上 5 点或 6 点起床，开始我的一天。这就意味着，我需要充足的睡眠才能做好我的工作，而想要做好工作，我就必须尽快入睡，无论我身在何方，无论当时是洛杉矶时间的几点。

我有可能需要在悉尼时间的晚上 10 点入睡，但这时是洛杉矶时间的早晨。因此，要让我的身体知道，现在该睡觉了，而不是出去跑步，是一件非常困难的事情。所以我学会了给我的身体一点儿提示，告诉它睡眠时间到了。我发明了一套入睡的仪式。这样，无论我在世界的哪个角落，无论房间条件怎样、枕头和床舒不舒服，我都有自己一套固定的入睡仪式。每晚我都会完成这套仪式，它能提醒我的身体和大脑放慢速度，因此在我上床时，我已将一切彻底丢在一旁，并在脑袋碰到枕头后，快速入睡。

你的入睡仪式是什么？

我的建议是，在你打包好第二天要带走的饭菜，准备好你的行头或健身衣，或者整理好运动时带的包后，也就是在你为下一天做好准备后，你该找到一些方法，让自己平静下来，并让你的身体准备好休息。

·**隔绝外面的世界。**拉上窗帘或者百叶窗，关闭电视、电脑、手机。
·**设定闹钟。**现在就定好，以免等会儿忘记。定好闹钟会让你睡觉时更加轻松。我有一些朋友整个晚上都没睡着，因为他们记不清，自己到底设了闹钟没有，所以他们会在半夜醒来，担心自己睡过头，然后就再也睡不着了。所以，让设定闹钟成为你入睡仪式的一部分，然后你就可以把这件事忘了。

- **铺床。**你能在早上整理床铺是最好的。床是休息的地方，不是给你堆放脏衣服或电脑的，所以做到这点并不困难。应该让床成为你的庇护所、避风港，它只有这么一两个功能。你知道我在说什么。床是你睡觉、修复身体、享受性福时光的地方。就是这样！

- **刷牙。**刷牙这个仪式，标志着一天的结束。你可别在刷了牙后，又到厨房中找零食吃。清洁牙齿，是为了确保在你的口腔中没有留下任何食物残渣。细菌这个浑蛋会滋生出来，而且你不希望糖腐蚀你的牙齿。因此一定要在睡前刷牙。

- **洗脸。**把保养皮肤的时间留出来。用一点点洗面皂，在脸上轻拍爽肤水，做好保湿工作。洗脸是在自我养护，这是你留出来照顾自己的时间。在镜子前端详一会儿自己，并对自己说"今天干得不错！你努力工作了，你发挥了自己的最佳状态"或者"明天我们能做得更好，我对你有信心"。认可自己，和自己核对当天的工作，然后让这一天过去，这样当你爬上床后，就不会再去想那些了。或者，你也可以用热水淋浴或者泡澡。不是所有人都喜欢在睡前洗澡的，因为有些人喜欢在早上起床后洗澡。

  至于我，我总会在上床睡觉前洗一个澡，因为我喜欢洗去一天的疲惫。坐计程车、赶飞机、坐在影院中、在杂物店提购物包、拾狗屎，这些都给我带来了不少汗水和尘垢……当我爬上床时，我希望被子里只有我自己，没有世间别的一切。洗澡是我入睡仪式的关键部分——只需要花1分钟很快地冲一冲，用热水和香皂放松一下我的肌肉，并让我感觉自己是一团即将倒在床上的湿面条。我也喜欢在入睡前抹一点润肤乳液，通常是含有薰衣草成分的，薰衣草能让我放松下来。

·**上床时间到了！**直奔向床！关掉所有的灯，别去查看电视在放什么节目，或者"脸书"中还有谁在线上（别忘了，短波长光会影响你的身体分泌褪黑素的能力）。

镜子，镜子

我刚才说，该在睡前照照镜子，并对自己说："加油，姑娘！"这可不是自恋，这是自我发现。这是和你自己建立良好关系，让你对自己做的事、对自己这个人负责。这是让你的内在自我和外在自我建立连接的一种方式。有时，我们会天马行空，把自己想象成别人——我们希望自己能变成他或她，其实我们并不是。当我们站在镜子前的时候，我们不得不面对真实的自己。照镜子并不意味着虚荣，我们应该让镜子成为我们的朋友，而不是对我们的审判。也许，当我们站在镜子前时，我们往往会憎恶眼前的自己。但应该记住，悦纳真实的自己，并清楚地了解自己，这才是最重要的。因此，花上一点儿时间，站在镜子前面，看看你所钟爱的、你身体上的那些美丽的部位！不要害羞，镜子前面只有你一个人，你想怎么去爱自己的身体，就怎么爱它，不需要别人的批准或同意。你越爱自己的身体，你越关注自己的身体，你就和你的身体越亲密融洽。

悦纳自己，将让你走得更远。

现在，嘘，安静点儿！

睡眠和健康、营养、健身同等重要。[63]睡眠能帮助你的身体储存能量，因为在你睡觉时，消耗的热量会比你醒着时少得多。睡眠给你的身体空出时间，让你的身体能修复肌肉、塑造新生组织、产生蛋白质、释放生长激素——这其中的一部分功能，只有在你睡眠时才能启动。所以，拥抱睡眠吧，睡眠是你身体和大脑的修复时间。睡眠不仅仅能让你更强壮，还能帮你记住今天学会的东西，并专注于你明天想要完成的目标。

在你睡眠时，你所学习的新信息（比如本章的内容）会被消化吸收。做梦能够释放压力。当你醒来时，你将焕然一新、能量满满、信心满满，足以让你踏上新的征程。

PART THREE

心 灵 篇

你　能　行

MIND

You've Got This

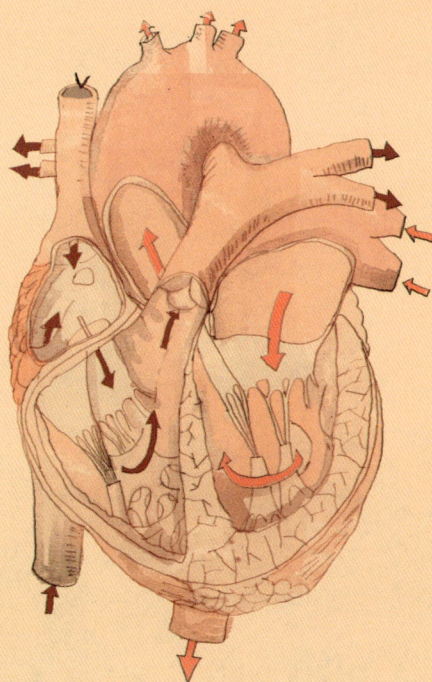

CHAPTER 23 | 你能行

恭喜！你读到了这儿。你已经阅读了大约 200 页的营养学、生物学、化学和解剖学知识。我希望你和我一样，在这一路上学到了不少。现在，你了解了饥饿究竟是怎么回事；明白了天然食物和加工食品的区别；明白了什么是胰岛素以及它有何种功用；你了解了你的心肺是如何协同工作，从而将氧气输送到你全身的细胞中去的；你了解了运动怎样让这些过程更加高效；你还了解了你的肌肉和骨骼如何受到食物和锻炼的影响；你也了解了营养和锻炼的相互结合能让你的身体强壮健康。

那么现在你该如何做呢？

现在你该行动起来，将信息变成行动，将知识变成实践，将梦想变成现实。你能做到的，因为你能行。

我这么告诉你，是因为我相信这一点。我见过一些女孩，她们曾经对自己的运动天赋一无所知，后来却成为了速度最快的赛跑选手；我见过一些朋友，他们曾经连挑高一个网球都做不到，后来却脱胎换骨，成为了健身达人，在健身课上大显身手，让我自叹弗如；我也见证了自己：自从开始进行力量训练后，我是如何变得日益强壮的。

所以，我相信，每个人都能掌控自己的人生。所以，我相信，你能掌控你的人生。

现在，我需要你也相信这一点。我需要你相信：姑娘，你不但可以变得强壮、健康、充满活力、无所不能，你也值得成为那样的人。为了成为那样的人，你所付出的一切努力、面临的一切挑战，都是值得的。

第1步：
承认你的身体让人惊艳

你的身体让人惊艳，真的，你的身体是一架强大有力、错综复杂、令人难以置信的机器。既然你已读到这里，我想，你一定对你的肌体的内在工作机理有了不少了解，因此我想你一定认同这一点。另外，我想，你已经开始爱上并尊重你所拥有的身体，而不是仍然渴望得到大自然母亲没有赐予你的身体部位。

其实大家都会这样：看到一个朋友或者一个路过的女孩拥有我们所梦想的身材——比如修长的美腿、强健的胳膊、平坦的腹部、丰满的臀部、紧窄的臀部、小巧的屁股或者（如果你和我一样）肥硕的屁股，我们会盯着她看个不停。衣服穿在她身上，显得多么合身。拥有她这样的身段，是多么有范儿、多么容易打扮。她天生拥有女性窈窕的曲线，或是运动员一样结实的身体，她是多么幸运啊！我们总是想要得到我们不曾拥有的东西！这是一个让不少女性都深陷其中、无法自拔的巨大陷阱。当你陷入这个陷阱后，就会忽略自己身体的种种需求，因为你讨厌你的身体都来不及，又怎么会去爱它、关注它？

可是谁希望自己生活在一个陷阱中呢？我可不想。所以，让我们挣脱这个束缚，让我们清醒过来、明白过来、觉悟过来。如果只是糊里糊涂地来这个世间走了一遭，却对自己在做什么，以及你所做出的选择将决定你的身体健康、心理健康和情绪健康这些都浑然不知，这样的人生还有什么意义？这样的人生简直糟糕透顶。如果你不知道该如何享受人生，你就无法享受人生，而且随着时间流逝，你的身体状态将每况愈下。随着你年岁渐增，如果你继续滥用身体，没有适当地照顾和保养好身体的话，你的身体将会做出越来越强烈的反应。相信我，我知道这将越来越难。

无论你现在几岁，你该从现在开始关心你的身体，做出正确的选择，让自己能优雅从容地步入晚年、颐享天年。你可以变得更健康、更强壮、更性感、更能干、更有创意、更加风趣。人生是如此丰富多彩，我希望你能好好利用你所能拥有的最强壮、最健康的身体，尽情享受美好人生。

第 2 步：
抱有优雅变老的理念

很多人都害怕"变老"——它意味着日渐衰老、行动迟缓、精力衰退，变得越来越不像自己。但我是这样看待变老的：变老是一种福气，一种特权。而且，如果你在年轻时打下了健康生活的根基，你的老年时光也许能成为人生中最美好的日子。

我说的和保持年轻的容颜无关，和美貌无关。我想说的是，我希望你能觉得自己年轻，我希望你能觉得自己强健。

在我小的时候，我总喜欢和长辈们待在一起。我的爷爷奶奶还有我的外婆把我深深地吸引住了，在我眼中他们永远都是那么有趣。他们能够毫不费力地完成我不可能做到的事情。我的外婆住在北好莱坞的一个山谷中,她一直亲手饲养后院的全部家畜,并亲手种植自家食用的蔬菜,直到她75岁。她能顶着夏天的大太阳,挑着50磅(约22.7千克)的饲料走上2英里(约3.22千米)路,喂养她的小鸡、兔子和山羊。而我的爷爷用一个回形针、一些胶带、几根绳子,就能修理好一切东西。他们是我的超级英雄,我想要了解他们所了解的一切。

我也喜欢他们的外貌。在我看来,他们的皮肤非常美丽:那一条条皱纹,向我诉说着他们的人生阅历、一生的悲欢离合,这些皱纹也是他们一生辛苦劳动的印记。在他们这样的年龄,身体本来会变得虚弱,但他们并没有。在他们的肌肉中仍然蕴藏着力量,他们合理地使用着那些力量。

像他们这样逐渐老去,同时不失自己的力量,仍然能力强大,就是我心目中"变老"的典范。我从来不认为日渐变老是一件坏事,可在我现在所生活的世界中,在我所从事的那一行,却倾向于告诉人们——尤其是女人——变老是可怕的,一旦女人出现"变老"的迹象,她们就不再有活力了。这简直让我反胃!想到这样的观点已经深深浸淫到我们的文化之中,我觉得可怕极了。我为那些受到这种荒谬观点蛊惑的年轻女性担心不已。

我们的社会认为年轻比经验更重要,这让我心碎,并让我困惑。这种价值观是多么愚蠢啊,因为从生理上说,想要青春常驻、容颜不老是不可能的,而且,丰富的人生经验带给我们的智慧,是我们在孩提时代不可能拥有的。只要我们足够幸运,继续活在世间,我们的身体就会一天天衰老。不衰老的替代物非常冷酷无情,因为如果你没有日渐衰老,就说明你已经不在人间了。如果好好照顾自己,你能让肌体衰老的节奏放缓,因为在某种程度上,你身体的衰老程度和你的年龄无关,而是你的生活习惯、人生选择和人生际遇的反映。但是，无论我们进行多少锻炼，或者使用多少护肤保湿产品，我们的肌体将随着每一天的过去而发生变化、日渐衰老。这是大自然的规律，也是人生必经的旅程。

与其整天为如何让自己青春不老而执着烦恼，不如想想我们能够拥有的事物，把我们的精力消耗在我们能够取得、能够实现的事物上。事实是，我们所能取得的最好结果是：如果我们坚持锻炼、注意营养，那么我们就能优雅地老去，我指的是，健康地老去。坦白说，我就觉得自己现在比 20 岁时更强壮、更能干、状态更好，因为相比我人生的前面 26 年，在过去 15 年间，我把自己照顾得更好。

优雅地变老意味着快乐地变老。

我很庆幸自己发现了这一点，我希望我能让你也这么想。因为只有拥有健康的身体，你才能随心随性、自在自得地学习新事物，和亲朋好友共度美好时光，哪怕你想爬树都可以。你越明白该怎么照顾好自己，你越能不断将你所了解的知识贯彻到行动中，你的感觉就会越好，你就越能真正地享受人生——不仅仅是今天，还包括你余生的所有时光。

谁会希望自己永远青春不老呢？我宁可活得健康、活得长寿。而且，我希望我能爱上并尊重自己的身体，因为多亏了这副身体，我才能拥有这样美好的人生。在我撰写这本书时，我快过 41 岁生日了。我非常乐意公开自己的年龄，因为我相信，慢慢老去是发生在我身上的最美好的事情。知识和智慧会伴随着你的年龄而增长，而正是知识和智慧，让你的人生更轻松、更快乐。

逐渐变老是一件非常美好的事情。逐渐变老正是人生的真谛，尽管有时看到自己的身体正在发生变化，多少会觉得有些奇怪。如果你做出了正确的选择——我是认真的，因为你的确应该做出正确选择——如果你对自己负责任，并真的做了该做的功课，你就会爱上那种渐渐老去的感觉。

第3步:
将知识变成行动

没有一种魔力药水能让你永葆健康,也不存在能让你健康的窍门、丹药或是咒语。但知识和行动可以赋予你健康。可是,不付诸行动的知识,终究只是一纸空文。如果你想获得健康的身体,你必须把一些书本知识变成你日常生活起居的一部分,不然,你将白白浪费阅读这本书所花费的时间,你还不如现在就用这本书去塞门缝。

只有当你使用知识时,知识才能成为力量。只有在你付诸行动时,知识才是力量。

你可以回想一下,你以前见过的所有医生和保健专家。他们的身体都健康吗?很有可能发生的情况是:一些向你宣扬所谓更健康的生活方式的家伙,自己并没有将他们的理论付诸实践。这怎么可能呢?这完全是有可能的,因为掌握知识和采取行动,并不是同一回事。

你希望自己健康吗?那就展开行动。让我换个方式来说,你必须行动起来。你得了解一些关于健康的基本知识,然后将知识变成行动。比如,你可以了解了解生理学基础知识,就像本书中提到的那些;你可以吃下更多的绿色沙拉;你可以从市场中买来蔬菜,通过看书或上网学会烹饪方法;你可以选择全麦谷物,而不是加工谷物;你可以全天候地不断喝水;你可以全天不间断地活动身体……

健康并不是要剥夺你的权利,而是要让你拥有你值得拥有的一切。首先你得对自己耐心一些、温柔一些,因为一切都需要时间——但只要坚持下去,就能达到目的。你可以回顾一下,你已经按照自己过去的生活方式生活了多久了?你已经保持同样的习惯、态度和信仰多少年了?

我猜一定有不少年了。如果说，你过去的习惯、思维和信仰已经存在那么久了，我希望在你学着采取不同的行动、养成新的习惯和信仰的过程中，耐心一点。没有什么事会在一夜之间改变！你听到我说的了吗？不要幻想能够一蹴而就，不要幻想不经历任何艰难和挑战就能达到目的。人生最关键的就是决心和行动。无论你想把哪件事做好，都只有一个办法，就是反复实践、不断行动。

"等等，"我似乎听到你在说，"可这听上去有点儿困难。"

好吧，我并没有说这会很容易。无论你想取得什么目标、获得何种成就，都需要你认真执着并付出劳动。你必须每天都付出努力，投入时间和精力。想要获得健康，也是同样的道理。

在一开始，也许这并不容易，但我保证，这将变得越来越容易。在一开始，做出新的选择总有一点儿让人感觉不适、惴惴不安，如果你是在挑战自己已养成多年的习惯的话，就更是如此。这就是为什么我不希望你将这当成一个节食计划、一种生活方式的变革或者诸如此类的东西，这是一个学习实践的过程。如果你是因为不想失败而担心，请你记住，这并不是什么会让你做错的事情，只是一件需你不断竭尽全力、贯彻到底的事情。说到底，这就是你在做的一件事而已，它将成为一种生活方式。

第 4 步:
持之以恒

健康长寿的关键是持之以恒。如果你不断做出不利于健康的坏选择，你很有可能会变得不健康；如果你不断做出有利于健康的好选择，你很有可能就会拥有健康。你能持之以恒地做什么事，你就会成为怎样的人。

要知道，你的健康状况是一个等式。如果在十次选择机会中，你有八次选择了不健康的生活方式，那么你就会养成不良的生活习惯，并慢慢形成不健康的体质。如果你十次中有八次选择了健康的生活方式，你就能养成良好的生活习惯，你的能力将会日益加强，让你继续做出积极的选择，并形成健康的体魄。

这就是你的起点。做出一个又一个选择，慢慢地不断做出改进。如果你总是做出不健康的选择，哪怕稍加平衡一下，做出一半坏选择、一半好选择，都不失为一种改进。当你的大多数选择都是健康的时候，你就会感觉到效果。

有个好办法可以测试一下我刚才说的是否正确：找出一种你认为你能坚持下去的健康的做法，比如连续一周不喝软饮料或果汁。每次当你想喝软饮料时，就用白开水代替。这意味着，你没有在加油站灌下一升碳酸饮料，而是给了自己一杯清澈的水。

这样坚持一周。即使你还是决定要喝一瓶碳酸饮料，请选小瓶的。让水成为你的主要饮料。

请看看在一周之后，你会有什么样的感觉。你会发现，碳酸饮料的味道居然变了，因为你已经让你的嘴巴习惯了不再整天浸泡在糖分中的感觉。你会发现，你的身体状态、你的精神状态都和以前不同了。然后再试着坚持一个星期，你可以看看，在那个星期结束后，你会是什么样的感觉。如果你不喜欢这种感觉，你完全可以重新回去喝碳酸饮料，不是吗？

如果这个新习惯让你感觉良好，你可以开始增加其他的健康选择，比如把芝士汉堡换成一块烤鸡，将土豆沙拉换成绿色沙拉，或用一个苹果来代替一个苹果派。

你越能坚持健康的选择，你离你想成为的那个快乐、健康、美丽、全身洋溢着光彩的女人就越近。活得健康和幸福，需要你付出一生的努力。和你身体建立友谊、了解你身体的需求、知道自己该如何满足这些需求，是非常重要的。了解你的选择将如何从生理上、心理上和情绪上影响你，是非常重要的。

人体非常纤弱，也非常柔韧，了解我们究竟需要什么，将给我们的人生经历带来质的不同。

第 5 步：
"真棒"的感觉，志在必得！

一切本该如此，一切都上了正轨；你觉得轻松自在、精力充沛、心满意足、自信满满，一切似乎都合你心、如你意，即便不是，你也有办法解决——你有过这样的感觉吗？这就是"真棒！我能做我想做的一切"的感觉。

我留心观察之后，发现这种"真棒"的感觉常常并不是某一外部事件——比如我得到了我想要的某样东西——的结果，而是来自内部，是我给了自己身体健康所需的东西的结果。当我真正依靠自觉，给予了自己身体一切精华——天然食物、大量运动、水和充足睡眠时，我就产生了这种"真棒"的感觉。这真的是世界上最棒的感觉！在彼时彼刻，我明白了快乐和幸福的真谛。一切都似乎容易起来，包括让我拥有这种生活方式的健康选择，也变得容易起来。

但是，还有一种感觉也是人类常常产生的，它可以说是"加油，姑娘"的对立物，它类似于"何必这么麻烦呢"，就是"我在做什么呀"的感觉。好像你什么事都做不好，好像你不该自找麻烦。也许在你那儿，会变成"为什么我不能为自己做出更好的选择"或"我为什么不能按我最好的想法做", 这是一种挫败的感觉。

我留心观察了后, 发现这种"什么事都不对劲"的感觉, 常常在我没有照顾好自己的时候出现——在我忽略营养、缺乏运动、睡眠不足、压力过大、努力过度的时候出现。不幸的是, 当今世界非常容易让我们堕入这样的人生中。对我来说, 在我拍电影时, 常常就会出现这种情况。

当我在现场拍片时, 我需要在清晨5点醒来, 一天工作12小时或者更久, 那么找出时间去健身房或去哪儿进行体育锻炼就成了一件难事儿。如果我不计划好白天吃什么, 把食物打包带上, 我最后就得吃我不想吃的东西, 因为我想吃的吃不到。我也许会睡眠不足, 因为在我终于结束一天的工作时, 有时我太兴奋了睡不着, 有时我想牺牲点儿睡眠时间, 陪陪我的亲朋好友。

我注意到, 如果我陷入了营养不良、睡眠不足、锻炼不够的状态中, 一种奇怪的感觉就会随之产生……我的思维、我的行为、我的情绪, 我的一切, 都比我好好照顾自己的时候更费事儿。当事务太繁忙时, 或者我无法继续保持清醒时, 我就开始产生这种拖沓沉重的感觉。而且, 我回归好习惯的时间间隔得越长, 我就越能感觉到那种明显的差别。我会变得更不耐烦; 我会感到身心俱疲、难以招架。

就是这种筋疲力尽的感觉, 让我们变得虚弱, 变得容易生病。

但是, 自从我明白, 我的心理健康和情绪健康, 和我是否照顾好自己的身体直接相关后, 只要我一产生那种拖沓沉重的感觉, 我就立即迫使自己回到正轨。我确保自己会去健身房, 无论我不得不多早去或者多晚去; 我确保自己能获取充足的食物, 能提供给我一天所需的能量; 我确保每天睡足8个小时。

这样做了之后呢? 在我的步伐中多了一种弹性; 在我和别人进行具有挑战性的交谈时, 我的耐心多了那么一点儿; 最棒的是, 那种简单的快乐——那种身心愉悦的感觉，会一直伴随着我。

小结

尽管进行改变并不容易，但还是有可能的。我说的"不容易"，其实是指"有可能会真的非常非常困难"。人们都喜欢一成不变的生活，但如果我们希望做出改变，如果我们愿意敞开自我，学习新鲜事物并建立新的生活习惯和生活模式，我们就会发现：尽管我们以为自己连一个蛋都不会煎，但其实我们厨艺一流；或者，我们能够做 10 个引体向上，虽然我们以为自己只能做上 1 个；或者，完成许多只有我们自己才能做到的事情。

要进行改变，首先需要了解相关信息，培养自我意识；其次需要奉献和投入，并付诸行动；还需要你有足够的自信，让你能够说"我能行"。

你能行，我知道的。很多人问我，该吃什么东西，该怎样吃东西；做什么样的运动，对他们的身体最有好处。这些年来，为了你，为了所有问我这些问题的人，我和多名专家交谈，并收集了这些信息，原因就在于此：我们都值得拥有这些信息。因为这些信息并不仅仅属于那些医生、私人教练、健身会员或私人营养师，它们也属于你。

所以，你有责任让自己的身体强壮健康，因为除了你之外，没有人能帮你做到这些。为此你必须投入时间和精力。就算有人帮助你、给你建议，也需要你去采取行动，并做到持之以恒。而在最后，应用知识并付诸实践后受益的那个人，也将是你。

CHAPTER 24 | **身心连通的状态**

刚才，我用谷歌搜索了下"身心连通"，结果搜索到了 4000 多万条记录，这些记录来自梅约诊所、哈佛、美国国立卫生研究院等各个渠道。在世界各地，有许多人都在讨论身心连通，以及身心连通将如何影响我们的人生和健康。那么，这和你有什么关系呢？关系大着呢。因为身心连通是自我意识的一个关键组成部分，它能帮助你将知识转化成行动。

我多次用到"连通"这个词。因为一切都是互相连通的！正如我们所了解的，人体中发生的化学过程和荷尔蒙变化，比如你是否来例假、你睡得好不好，以及能量以脂肪的形式在你体内何处储存等，都和你的饮食情况和锻炼情况直接相关——这些化学物质和荷尔蒙也影响着你的大脑，因为它们都是你的一部分。

你是由思考的自我、身体的自我和情绪的自我组成的。我说的"身心连通"，指的是这三个自我互相连通的情形。你的身体受你的大脑影响，而你的大脑受你体内的化学过程和荷尔蒙变化的影响。至于你的情绪，它受到你的总体健康情况、你照顾自己的方式的影响。这就是连通的力量！

如果你照顾好了自己的身体，你的大脑会从中受益。随着你的大脑从中受益，你会发现，你又能更好地照顾自己的身体。如果你仔细想想这点，可真有点儿疯狂，但事实就是这么简单：你如何对待自己，你就会产生什么样的感觉。你所做出的一切选择——吃什么、喝什么、是否拥有充足睡眠、是否经常运动——都决定了你将拥有怎样的一天，并从长远上决定了你将拥有怎样的人生。

连通！

也许现在你并不太明白我的意思，但如果你相信我，如果你再试试，你就会明白。如果你能放慢速度、集中精神、放松下来，好好思考一下：你的身体现在感觉如何，和你自己进行交流，从而不间断地了解你的身体所处的状态，你就会明白，身心连通是什么意思。达到这种状态的关键是：允许你的大脑和身体展开交流，自由地交换信息……你能解读这些信息，终止让你感觉糟糕的行为，扩展那些让你感觉健康的行为。

在对你的行为和你的感觉之间的关系有了更多了解后，你可以尝试做出一些微妙的改变，它们将鼓励你做出更多积极的改变。通过了解身心连通的存在，通过加强这种连通，你将对你的饮食和运动模式如何关联你的情绪、精力、你的整个人生，有更多的了解。

你的身体想要告诉你什么？

你是否有过这样的经历：当你和别人说话时，别人却心不在焉？也许，为了让他们听到你说的话，你提高了嗓门，拽对方的袖子，或者挥舞手臂？在我们需要交流重要信息时，我们希望对方能聆听我们，你的身体也是一样的。

许多人都在忽略他们身体和大脑的感觉，即使他们的身体和大脑，在以疾病、焦虑、体重骤增或抑郁沮丧的方式，向他们放声尖叫，他们也充耳不闻、无动于衷。身心连通意味着学会聆听,意味着学会理解你的身体发给你的信息,并将身体所需要的东西给它。

因为,如果你不去聆听那些最温柔的信息,它们发出的响声就会越来越大。为什么?因为你的身体想要生存下去,而生存下去唯一的办法是,在你做伤害自己而不是帮助自己的事情时,想方设法让你知道。这些信息可不是随随便便发出的,它们非常重要。

你的身体中已经形成了不少警示。在有什么不对劲时,你的身体会发出警报。比如说,胃灼热和消化不良,是你的身体在告诉你,你吃下了无法正常消化的东西。在你消化不良时你通常会怎么做?你是否会服下抗酸药,等那种不舒服的感觉烟消云散之后,就把这件事忘个一干二净?你是否会追根溯源,争取回忆一下你刚才吃下了什么,从而导致这种反应出现,并记录下这种食物,避免下次再吃?

如果你白天时犯了头疼,你是否会吞下一些布洛芬,然后喝点咖啡或无糖汽水,把药送下去?还是你会问问自己,你是否脱水了,并想想前一天晚上你睡了多长时间?

我们的身体整天都在通过一些微妙的或明显的迹象,和我们进行交流,告诉我们是饿了、困了还是怎么了。我们的身体精心设计了这些迹象,告诉我们它需要什么。这不是什么错误,也不是什么偶然,而是一种非常真实、清晰的语言,倘若我们学会聆听这种语言的话。比如说,一个呵欠。微妙如一个呵欠,也许仅仅因为坐在你对面的人刚才打了个呵欠(呵欠会传染),但它更可能说明,你脱水了需要喝水,或者你体内的养分不足了,你该检查一下自己是不是饿了;或者,你该站起来在办公室里走动走动或出去走走了,吸收一些氧气,让你的血液流动起来。

如果你忽视了这些小小的警示,你离那些巨大的紧急呼救信号就更近了一步——疾病,比如糖尿病、高血压和肥胖症就会出现。所以请你仔细聆听，在你的身体第一次开口向你提出要求时，就把它需要的东西给它。

身心连通是双向作用的

人的身体是一个物理实体。人的大脑也是一样。可人的心灵却完全是另外一回事。你能感觉到它，但你却摸不到它。它承载着你的梦想，可你却不能把它捧在手心。可是它会和我们交流，学会聆听它的话语，就是你的任务。

有时，当你的身体感觉疼痛时，这种疼痛其实是你的心灵发出的信号。它想告诉你，你的情绪受到了伤害——痛苦、头疼和疲劳，都可能是悲伤、压力或沮丧的表征。

我们都听说过"身体语言"这个术语：通过观察人们的外表和姿态，可以读懂他们的情绪或者意图。看到一个朋友耸起肩膀，我们或许能觉察出他正在忍受病痛；看到老板交叉双臂，我们能看出他生气了；看到一个男人总是（让你尴尬地）站得离你很近，你能猜出他喜欢你。我们的身体会向我们周围的人发出信息，我们周围的人也能通过身体语言向我们发出信息。

很多人在情绪上感知某事物前，会在生理上先觉察到。有时，某些需求似乎是情绪上的，但它们实际上是你的生理需求。当你的意识告诉你"我想吃个汉堡包"时，很有可能是你的身体渴望摄入蛋白质和铁质。或者，在你工作时，当你的心在对你说"我讨厌这份工作，讨厌死了"的时候，也许是你的身体需要休息片刻，你需要呼吸一些新鲜空气，或者活动活动，或者小睡一会儿。

如果你想唤醒身心连通，你必须经常性地检查身体的状态。我说的

"检查身体的状态"是指：花上一点儿宁静的时光，通过注意身体的感觉，聆听你的身体想要告诉你些什么。你的身体真的会和你说话，你需要做的就是学会聆听。你猜猜会发生什么？当你平静下来，仔细聆听你的身体，你的心灵就会开始和你交谈。它会对你身体的感觉做出反应（我的膝盖一直疼，也许我该约医生看看），还会产生它自己的顾虑（我最近特别疲惫，我是怎么睡觉的）。

有的人喜欢沉思冥想或做瑜伽，还有的人每天做拉伸运动，或每天早晨散步晨练，他们会在这些时段关注自己的感觉。这些日常仪式都非常重要，它们提供了固定的时间，让我们能给自己做个检查。我们所有人都需要这样的仪式。

连通练习

这里有一个你能做的小练习，通过这个练习，你能以微妙、安静的方式和你的身体相连通，进行一对一的交流。你可以在每天早上或者晚上做这些练习，也可以在其他有空的时候做。

第一步：腾出空间

找一个你能放松下来的时刻，到一个你能躺下来并伸展四肢的地方，可以是床上、沙发上、客厅或卧室的地板上。

第二步：放松

仰躺下来，张开四肢。或许你的身体希望你能像雪天使一样张开四肢，或许你想要把双手抱在胸前，并弯曲双腿。

请注意你的身体的感觉。你的身体觉得这样舒服吗？你的身体希望你怎样做？它希望你怎样做，你就怎样做。如果你觉得不是很舒服，也要引起注意。

第三步：呼吸

当你觉得舒服后，把注意力转到呼吸上来。你可以通过鼻子深深吸入一口气，然后用嘴巴呼出气，开始时要比较用力，然后慢慢放松到自然的呼吸状态。

第四步：活动

当你放松到自然状态后，活动你的身体。把你的腿从一边移到另一边，扭动你的腰部。现在你的臀部、腰部和双腿是什么样的感觉？现在移动你的双臂，你可以用双臂去支撑下半身的活动，或者把双手放在额头上。然后别再命令你的身体该怎样活动，让它自由活动。让你的身体随着你的每一次呼吸自由活动。无论你的身体怎样动，都错不了。

第五步：聆听

如果你不间断地一边呼吸一边活动，你会发现你的身体开始向你诉说一种运动的语言。它会告诉你，它需要怎样的活动，或许是坐直身体触摸你的脚趾，或许是双手双脚撑地，把背弓起来。

你越习惯聆听你身体的感觉，你就越会发现，你白天的每次活动，都是和你身体连通的机会。在你爬上楼梯时，你连通了双腿后的腿后腱和腿后肌；在你提起皮包时，你会发现你的腹部紧致起来，你的二头肌上移到肩膀或前臂处。

通过有意识地活动身体，而不是心不在焉地活动身体，你就开始和你的身体展开了不间断的沟通和交流。

当我想要聆听我的身体和心灵的语言时，我就伸展四肢，通过运动和呼吸让身体放松下来，吸气、呼气，让我的身体想向哪儿移动，就向哪儿移动。当你开始活动身体、伸展四肢、仔细聆听时，你的身体就开始把它自己的语言教给你，现在你要做的，就是注意身体的哪些部分在向你大声尖叫，哪些部分在向你低声私语。

聆听和关注这个环节非常重要。当我想要将身心连通起来时，我会关注全身的感觉，从颈部的肌肉到背部的肌肉，到我的腿部，甚至到脚趾。我会关注情绪上的变化：我感到敏感、放松还是愉快？每当我向不同的方向移动，我的感觉就会发生变化，有时候是疼痛，有时候却带给我一种巨大的轻松感。我会问自己这些问题：我的肌肉是什么感觉，紧张？僵硬？强壮？虚弱？触碰脚趾有多费力？当我把右手伸到头顶时，我的右半身是否感觉好极了，是不是我还想把手举得更高？有时候，我活动的方式会让我大吃一惊，因为我的身体开始带动我的心灵，而在通常情况下，是我的心灵带动我的身体。每次伸展肢体，我都会向更远处伸展，让我和身体的连通更深。在那个瞬间，我了解了自己生理上、心理上和情绪上的感觉，这能帮助我开始新的一天。

聆听自己的心灵

如果你和我一样，那么你的心灵就会一直发出声音，告诉你各种事情，而不仅仅在你想到它时，它才说话。它们有可能是各种需求、不安全感、希望或恐惧。它们并不仅仅存在于你的大脑中。有时候它们就像你的想法一样，但有时候它们可能来自你的内脏。你可以把它们叫作想法、需求、欲望、情感或渴望。

就像我所说的，想要弄清究竟发生了些什么，唯一的办法就是开始聆听。有时候这些声音是互相矛盾的，比如，有时候，你既有碰碰运气的冲动，又觉得该小心为上。有的声音是保护性的，比如有个声音让你想起你上次为爱心碎，告诉你对这个新的男人要矜持谨慎一些。有的声音令你胆怯，比如有个声音告诉你，你该谢绝朋友们让你去海滩的邀请，因为你不希望别人看到你穿比基尼的样子。有的声音对你有帮助，比如有个声音在你驾车时提醒你，你该减慢速度，因为上次当你开车经过公路上的急转弯时，你开得太快了，差点冲到反向车流中去了。

这些声音争先恐后地出现，它们每天忙着给你各种建议指导——有对的也有错的，有好的也有坏的。它们会在任何时候出现——无论是在你工作的时候，还是在你锻炼的时候；无论是在你爱别人时还是在你被别人爱时；无论是在你想今天吃什么的时候，还是在你想明天穿什么的时候。

拒绝畏首畏尾的心灵之音

我们脑袋中有些声音并不真正为我们着想，它们想要阻止我们成功。这些声音会对你说，你做不到，你看上去真蠢，那片蛋糕会让你感觉好一些。

这些声音试图让你相信，你没有能力去完成一些事实上你完全能够做到的事情。举例来说，在观看马拉松比赛时，你是否一边看着选手们从你身前跑过，一边想，我永远也无法做到这个？或者你是否曾经盯着一盘饼干想，我知道吃了这些饼干我会胃痛，但我今天过得很糟糕，所以我放纵自己一下，吃几片也没什么不可以？

有时，我们的心灵会引导我们去做一些不符合我们最高利益的事。我们都有过这样的时刻。曾经有很多个晚上，我想在固定的时间上床睡觉，这样我才能得到充足的睡眠，并在第二天早起，在工作前去健身房，但有时候我在晚上会心猿意马，忙着别的事，然后才发现，早过了该睡觉的时间。当然，为了睡眠的缘故，我又说服自己直接跳过了早锻炼这个环节。

这怎么可能呢？我们怎么可能明明心中有数，明知自己想要什么——却又去做别的事、去做我们明知不该做的事，结果离我们想要的越来越远？每个人都有这样的体验：明明告诉自己，我想做某事，绝对是某事，可是紧接着我们却做了另一件事，哪怕这件事和之前我们想做的事，是完全对立的！这种情况真的太容易发生了。

你的这一部分心智受到了恐惧的操控。它对自己持否定态度。它向我们悄声低语，我们没有能力、无法成功，就因为它害怕了。所以它告诉你，不管怎样，吃几片饼干吧，为什么不拿一片呢？你为什么只吃一片呢？反正你知道你也没什么意志力，干脆把它们全吃了吧。在你把饼干都吃了后，那个声音又说，看到了吗？我就知道你会把饼干全部吃光。你永远不能为自己的健康负责。

这种恐惧源自何方呢？

尝试新的事情可能会让人恐惧。熟悉的事情能给我们带来很大的安慰，即使熟悉的事物是在伤害我们。害怕不舒服、害怕不确定性、害怕失败，这些对我们心灵中脆弱、惊恐的那一面来说，实在是太难以承受了；它不知道该如何处理这样的感觉，它害怕永远都会是这样的感觉。所以它吓坏了，于是它干脆关闭了体验这些感觉的可能性。它的目标是，将你禁锢在自己的舒适区中，那才是它熟悉的领域，它知道在那儿会是什么感觉，哪怕那种感觉会让你感到痛苦和挫败，比如吃下整整一盘饼干，在生理上，这会让你的胃不舒服，在情感上会让你备感挫败，因为你知道，这盘饼干对你的健康意味着什么。

对你的心灵来说，至少，因为这盘饼干所产生的不舒服感和失望感，是它所熟悉的，是它一直以来都在遭遇的——对它来说，熟悉的痛苦要比未知的痛苦容易处理多了。这就是为什么你那畏首畏尾的心灵总是操控着一切，总是允许你去挫败自己。

听从更友善的心灵之音

你的心灵中也有对你更友善的一面，它提供的是完全不同的信息。它会说："我知道这很困难，但你一定能够做到。"它会说："如果你现在不这样做，明天你的感觉会好一些。"或者"如果你现在这样做，等会儿你就会感觉好一些。"这些声音真正为你着想，它会说："把你的健身包打包准备好，随身带上！吃羽衣甘蓝当午饭！"我们能够听到这些声音，但我们经常忽视它们，因为有时候人很难听得进真话，而这个声音只说真话。

我们需要关注并仔细聆听这个声音。因为我们的心灵非常强大——所以你必须记住，那个引你走向失败的力量，也会助你走向成功。无论何时，当你感到你的心灵正在将你推向相反的方向时，请记住一句你已经听过成百上千次的话（你可别眨巴眼睛）——意念胜过物质！

因为在有的时候，即使你以为自己百分之百要失败了，但当你竭尽全力拼死一搏后，竟然取得了成功。有时，你告诉自己"我能做到"，结果你就真的做到了。这就叫意念胜过物质。这就是驾驭你的心灵，而不是让你的心灵驾驭你。这就是人类取得一切成就的根基。你该听从你体内那个小小的、安静的、恒常的声音，它一直都在那儿，但是想要听到这个声音并不容易，因为那个让你自我毁灭的声音，总是将它淹没。这个更小的声音，对你说的是真话。它是理智的，它真正相信你的能力，它知道你拥有怎样的能力。是它经常在鼓励你，为你加油。它知道正确和错误的区别，它知道为了达到你的目标——你有生之年每一分每一秒都在梦想的目标，你能忍受多少不适和痛苦。在你需要好的建议时，在你需要有人推你一把、鼓励鼓励你时，这个声音一直陪伴在你的左右。

我们不仅应该听从这个声音，我们还必须尊重这个声音。这意味着，你该按它轻声吩咐的去做，并知道你有能力去做的事。一旦你开始这么做，你就会发现，你会越来越快乐。

因为这个声音是凭着事实说话的，它是一片好心，它源于自我接受，而不是源于自负或恐惧。我能听到这个声音，但更重要的是，我能感受到这个声音。这个声音来自我的内心深处，它知道在每一种特定情况下，怎样做对我最好。我们都有直觉。每当你面临人生的重大选择时，人们很有可能会对你说"倾听你的内心"，或"相信你的直觉"。他们的意思是让你倾听这个指导性的声音，它会通过给你的身体带来一种特定的感觉，跟你交流对话。那是一种发自肺腑的、直觉的、本能的感觉。它比任何人都更了解你，因为那个人就是你。

　　为何倾听你的直觉如此重要？原因在于：快乐发自内心。这绝对是真理。也许在你真正相信这句话或者真正理解这句话之前，你已经听过这句话上百遍了。但我写这本书的全部目的，就是希望你能更加快乐一点，能将所有这些知识应用到你的生活中去，从而最终拥有快乐。当我们将自己的身心连通起来时，我们就是自己最好的同盟。当我们追随自己的内在智慧时，我们就是自己最好的导师。内在的美好会反映到外表上来。我真的希望你知道，真正的快乐是一种什么样的感觉。和你的身心相连通，让你的身心彼此连通，就是解开快乐这道谜题、活出真正滋味的钥匙。

相信你的直觉

　　对我来说，我对事物的感觉来自我的身体内部。在我比较两个选择时，我的肚子中会有一种微妙的感觉。这种感觉就好像，我在我的肚子中被轻轻踢来踢去，与此同时，它又像我的肚子在下坠——这种感觉非常不易察觉，但的确存在、不可否认。或者，我有一种宁静的、稳定的感觉，觉得一切都很好，我很安全。

　　我的直觉是我的向导。在我权衡了任何给定情况下的各种信息后，在我让我的大脑消化了所有可利用的信息后，我让我的直觉来决定一切。

　　比如，如果有人邀请我去拍一部电影，我会看看剧本，看看我有多喜欢剧情。我会想到，如果我在拍摄现场连续拍片三个月，我会有多么想念我的家和我的家人。或许，这个角色非常有挑战性，那么我会考虑，我是否真正准备好饰演这个角色了。首先我会以事实为基础考虑各种利弊，可是接下来，我会深入发掘我的内心世界，从内心深处找到答案。我准备好迎接这个挑战了吗？这部电影值得我抛下我的家吗？

最后的决定性因素就是我身体内部的感觉。有时，我能体会到兴奋激动，那么我就该去拍这部电影；有时，我的身体会告诉我，我该放弃这部电影，将我的精力用到别处。

为了达到这样的效果，我有两种方法。如果我有一点儿安静的时间，我会坐在某个宁静的地方，将我头脑中涌动不息的各种想法全部清空。我就是静静坐着、呼吸着，聆听我的知觉会对我说什么。它给我的回答，也许只有一个词——行或不行，也有可能是一个更长的答案。无论是哪种，我的知觉总会告诉我真话。但有的时候，我必须在一个忙碌喧闹的地方做出决定，我没有时间静坐冥想。那么，我就会努力观察，在我思考、加工这些信息时，我的内脏器官会有什么反应。是会可怜兮兮地一下收紧了？还是会放轻松，为我接收到的信息感到快乐？

然后，在我做出回答前，我会最后再回顾一下，我总会听从我的直觉。"没错，这是个好主意！"或者"哦，不要，快退回来，这将引你走上错误的路途。"

听从你的直觉，你就永远不会错！哪怕最后的结果和你想象的不太一样，请你别忘了，在你做出决定时，你做的正是当时你认为最好的选择。

这就叫作尊重你自己，这是你能学会的最重要的事之一。

你究竟想要什么？

既然现在你在聆听——那么你听到了什么？你内心的声音想要什么？在你思考这个问题时，想想，你拥有思考自己想要什么的能力，这真是一个天大的礼物。我们能将理性的思考作用于我们的感觉和情感上——我们能考虑我们内心深处的真实感受，而不仅仅是表面上的——这正是唯有人类拥有的能力。

对我来说，我知道，我越是认真聆听我内心的声音——它告诉我"你能做到"，我越相信我内心的声音——它告诉我值得付出努力，我就越来越相信我自己。这种信仰给了我力量，让我相信我自己——我真实的、自信的、健康的自己——并做出正确的选择，让我能不断成长、不断学习、更加健康、不断进步。

如果你退后一步，回顾一下你是如何看待自己的，你做出了哪些决定，这些决定如何影响着你，还有你希望得到怎样的人生——在你这样做的时候，你就在进行有意识的思考，你就在觉醒中。有的人穷尽其一生，避免进行这样的回顾，他们宁愿生活在一个梦境中。他们的所有选择，都是对已发生的事匆匆做出的反应，他们没有计划也没有目标，更没有远见。他们的生活就像弹球机里的弹球，路上遇到什么障碍物，就被推向哪里——他们不明白，他们为什么总是无法快乐起来？

相比之下，难道你不愿觉醒过来吗？难道你不愿看清这些障碍物、了解这些反应，然后为自己选择该做什么吗？健康和快乐的关键是清楚地了解：你的身体如何运作，你自己又是如何运作，即，和你自己建立起一种亲密关系。了解你自己，能让你听到自己内心的声音，并做出对你有益的决定。

所以让我们开始了解人类最本能的一种反应吧：当我们遇到太多太多食物时，我们会有何种反应。

CHAPTER 25 | 解码现代人 的食欲

现代人正在吃死自己。我们已经聊过，这是多么疯狂，因为食物本该帮助我们生存下去。我们已经说过，我们的身体以饥饿为信号，让我们知道它需要营养和能量；我们也已经说过，很多我们听说过的"流行病"，在很大程度上是我们自找的；我们还说过，如何滋养我们的身体，能让我们感觉良好、快乐开心，并让我们气色好、有活力。

一切似乎太简单了：当你饥饿时，吃天然食物；当你饱了后，就别再吃了。

那我们为何不这样做呢？

我们都参加过假日聚餐：我们围坐在餐桌旁，餐桌上堆满了各种鲜美可口的食物，我们吃了又吃，吃下了一大堆食物，等我们终于吃完时，我们不得不解开牛仔裤的扣子，瘫在睡椅上。我们都曾抱着一大桶爆米花坐在电影院中，当电影放映结束时，我们完全不知道那些爆米花都去哪儿了。

人类是如此聪明，学会了如何飞翔、如何登上月球，还发明了互联网。可人类为何又会如此愚蠢，愚蠢到不断地吃东西，直到自己生病？我说的"病"，并不仅仅指糖尿病和其他疾病，也指吃下东西后随即产生的不舒服的感觉，那种作呕恶心的感觉，因为我们塞下了太多食物，已经远远超出了我们身体当时对营养的需求。

我们为什么会这样做？

答案存在于我们的基因中。一个词——"食欲"，可以解释一切。

以下是两个定义：

饥饿，正如本书第一部分所说，是你的身体在暗示你，需要补充营养物质了。这是人体内部产生的生理需求。

食欲，完全是另外一回事儿。食欲是想要吃东西的欲望，是因为食物的色、香、味让你想吃下它，即使你的身体中并不缺乏营养。我们的食欲是被种种外在的力量所唤起的。

为了生存的食欲

在遥远的古代，我们必须到处找食物吃，因为那时我们永远都不知道，我们的下一顿将来自哪里，所以只要是能找到的食物，我们看到什么就吃什么。在那时候，我们有个大肚子，能够大吃特吃是一种福气，因为如果我们不能快速饱餐一顿，也许我们就没有足够的能量撑到下一顿了。正如身体的作用是将能量以脂肪的形式储存于人体中一样，大脑的作用就是通过食物的色、香、味和触感，让我们找到食物。

随着农业的发展，我们对食物有了更多的控制——我们能生产出超过需求的食物，并将食物储存更长时间，然后依靠这些食物度过冬天。但在大多数时候，我们都只能吃到当季的食物，并且只能吃到我们生活的那片区域中的食物。

引向毁灭的食欲

当今世界的一个重大转变，就是食物变得非常容易获取，因为人类掌握了各种储存和保存食物的方法。但食物如此容易获取，对我们并没有好处。我们不需要追踪、捕杀猎物或者按季节采摘，就能得到食物。食物一直都有。因此，在当今这个各种加工食品、进口食品、便利食品、廉价食品早已过剩的世界中，如果我们想要继续保持健康，那么理解饥饿和食欲的运作原理，就变得非常关键。

当我们完全不明白我们为何在吃东西，甚至弄不明白食欲究竟是如何产生的时候，就很容易搞不清楚自己该选择什么食物。

　　饥饿是人体的内在需求。但食欲可以受到一系列外在事物的引发而产生，比如一块广告牌上的视觉刺激，或电视商业广告中的某个声音，或木炭烤架上汉堡包的香味，或者，当你走过你最喜欢的餐馆或面包房（它让你想起了上次你买的那个鲜美诱人的纸杯蛋糕）时受到的诱惑。这些小小的刺激物提醒着我们，我们也许想要吃点什么，或者需要吃点什么，于是在通常情况下，你就会觉得你真的想要吃点什么。所以，即使你并不饿，你的食欲也会突然上升，你会觉得自己的肚子已经空空如也，需要吃下更多的东西了。这一反应和仍然留在我们体内的那个原始穴居人直接相关。原始穴居人通过感官知觉找到食物，并依赖食物给他留下的记忆，再次找到那种食物。所有这些现代的食欲刺激物，都在和你体内依旧活跃的古老遗传密码沟通交流着。这些遗传密码的存在，曾经是为了保证你能生存下去。可现在，这些遗传密码却在你上班的路上，告诉你该停下来吃一个甜甜圈，即便你早已在家吃过早餐了。

　　当我们完全不明白我们为何在吃东西，甚至不明白食欲究竟是如何产生的时候，就很容易搞不清楚自己该选择什么食物。这时就该让生物学介入了。

被劫持的大脑

我们早就说过，你的大脑是一个贪婪的器官，它吸收了你所摄入的全部能量的 20% 以上，从而让各个系统都能平稳运转。所以你所选择的食物，将为你的大脑供应能量。但是，与此同时，你的大脑也决定着你会选择什么样的食物，你的大脑就像一个促销员，它告诉你该吃哪些食物、该避免哪些食物；你的大脑把糖当成一种强大的、可心的药物，没错，一种药物。

你的大脑是这样工作的。你可以把进食过程想象成一个自始至终的化学反应过程，因为它本来就是。你早已知道，你的身体能把食物分解成基本的营养成分，你的身体需要营养，让你产生饥饿的感觉。当你感到饥饿并摄取天然食物时，就满足了你身体的需求。但如果你摄取的食物中包含许多添加糖，这些糖会绕过"我已吃饱"的机制，让你的大脑向你要求更多食物。

你明白，添加糖对你并没有好处。但你是否想过，为何它会给你带来那么美妙的感觉？我是说，没错，我们都体验过那种感觉！当你吃到美味可口的食品时，即便你知道你已经吃得够多了，你还是无法控制地想再吃一点儿。也许那是一块撒了焦糖的蛋糕，也许那是一块嚼劲十足的曲奇饼干，你就是没法不去想它，直到你一股脑儿把它都吃下去才算完事。好吧，对此，我们有一个很好的解释，其实这和你有"多好"或"多坏"毫无关系。

但在另一方面，这确实和脑化学有关。那些经过高度加工的、含糖丰富的、脂肪密集的、咸淡适宜的食物，刺激了我们的神经元，促使我们的大脑释放出内啡肽和其他的化学物质，让我们感觉棒极了。

你的大脑喜欢内啡肽，所以即使你失去了自我控制、暴饮暴食，甚至欲罢不能了，你仍然感觉棒极了（至少在那个片刻）。

那是因为，这些高刺激的食物将影响你的脑垂体——它存在于你的大脑中，告诉你什么是让人愉快的。当你做愉快有趣的事情时——锻炼身体、坠入情网、性爱或吃下某些食物，你的身体就会产生那些"我喜欢这个"的化学物质。你的大脑喜欢内啡肽，而你喜欢它们带给你的那种感觉，所以当你吃下一些能够引发这种反应的食物时，即使你失去了自我控制、暴饮暴食，甚至欲罢不能了，你仍然感觉棒极了（至少在那个片刻）。

这是你的大脑对食物的反应 [64]

我们都有无法拒绝的美食，当我们遭遇难以抵挡的巨大诱惑时，只要尝一小口它的滋味，我们就停不下来了，我们会不停地吃，直到吃光为止。我曾经和医学博士大卫·凯斯勒交谈过，他是《过度饮食的终结》一书的作者。这本棒极了的书使我明白了：加工食物是如何在我们已经吃饱后，继续引诱我们不断地吃。我们已经说过，那些让你无法抗拒的食物，通常包含着大量的糖、脂肪和盐，因为我们的舌头对它们的味道欲罢不能。尽管食物的味道是让我们暴饮暴食的罪魁祸首，食物的质地和香味等其他因素也能左右我们，让我们无法抗拒美食的诱惑。

拒绝诱惑

当你被一大堆垃圾食物包围时，或者当你盯着一个列满了你最喜爱的菜肴的菜单，只要你告诉侍者你什么要多少，他就会在数分钟内给你准备好的时候，想要不受到食物的诱惑是很困难的。那么当唾手可得的食物威胁到我们竭尽全力才积累的那点意志力时，我们该如何做，才能不受诱惑呢？

对此我们有下面一些招式：

· **在家时**：把这种食物拿出去！不要再买它，不要再储存它。一个装满全麦谷物和天然食材的食品室，会鼓励我们去烹饪更健康的餐点；一个放满垃圾食物的食品室，会怂恿我们吃下各种垃圾食品。

· **在餐馆时**：如果提前就知道自己要去餐馆进餐，你就该先做好准备。在你浏览菜单之前，先想象一下，如果是在家中，你会想吃什么，因为菜单上绘声绘色的描述、菜式品种的丰富多样，会像海妖的召唤那样充满诱惑。你想吃鱼还是想吃鸡肉？牛肉还是蔬菜？在你走进餐馆时，你就该做到心中有数。再在必要时浏览菜谱，找到和你之前所选最接近的菜肴，然后下单点那个菜。或者，如果有可能的话，你也可以先上网浏览一下菜单，寻找并选择比较健康的菜式。或者，如果厨师比较认真负责，并且他们并不太忙的话，那么当侍者问你想吃什么时，你可以问问他们，能否给你烤点儿鱼，再配一点蒸煮或烧烤的蔬菜。

· **在别人家中**：不要饿着肚子出现在别人家中！你可以在参加晚宴前一个小时左右先吃一点儿点心，这样当你坐在桌边时，你就不会把整整一篮面包都吃光了。你应该尽可能地选择健康食品，不要因为受到食物的色泽和香味的诱惑而改变主意。

下次，如果你发现你在失去节制地大吃特吃时，你该再仔细看看你的盘子。我敢打赌，你怎么吃都吃不厌的食物，味道一定是甜甜的、油油的，类似饼干、冰激凌、蛋糕、糕点这类食物，它们果真是又甜又油又咸。不然，你吃的一定是煎炸过的、佐以奶酪或奶油的食物，它们吃上去咸咸的、油油的，类似法式炸薯条、烤干酪辣味玉米片、炸土豆片这一类食物，它们的确又咸又油，还带着甜味，因为在调味汁和调味料中，存在着隐含的添加糖。你也有可能在吃一些显然会将我们推向深渊的垃圾食品：带有咸味的焦糖冰激凌、缀满巧克力的脆饼干、枫糖腌培根，等等。因为人类无法抗拒糖、脂肪、盐组合的滋味，那些食品生产商深知这一点。

然后别的一些感官因素，比如食物的质地、温度和香味，也加入了这一味觉的盛宴：饼干的松脆，冰激凌顺滑、冰冰凉的口感，肉桂卷的甜香，还有橙香芝士酱的诱人口感。

当我们遇到这些吊足了我们胃口的食物时，神经元的烟花正在我们大脑中绽放。我们的各种神经元，和食物的各种感官特质，是一一对应的。举例来说，有的神经元会对味觉做出反应，有的神经元会对食物的质地做出反应，还有别的神经元会分别对食物的色泽、香味或温度做出反应。并且，还有专门会对甜味、咸味、酸味或苦味做出反应的神经元。当你吃下食物时，你的头脑中就会发生化学反应，将各个神经元中的单一信息连接在一起。而当你吃下高度加工的食物后，这些不同的神经元就会彼此交流对话，让你产生继续大吃特吃、直到失控的欲望。

练习，练习，练习

你如何才能走上健康之路呢？唯有不断练习。你该练习不断做出正确的决定，直到做出正确决定成为了你的第二天性。在这一点上，了解相关信息对我们有帮助，因为这些信息能告诉我们，为什么我们要不断练习，还有我们的目标应该是什么。

既然你现在已经知道，每次你进食时，你的大脑中会进行化学反应，你就能利用这条信息，督促自己不断练习，走向健康。

你可以回想一下：你是不是有过吃了又吃、失去自控的经历。你已经了解了这种欲望背后的生物学机制，你明白了饥饿和满足食欲的区别。所以，当你意识到，你此刻的强烈感觉不过是在食欲的作用下产生的，和饥饿毫无关系，你就能将你的意识和意志的作用发挥到极致。

意识：你该意识到，放在你面前的是什么样的食物，并且你该意识到，你是否要伸出手去拿这种食物。在这一点上你应该对自己百分之百地诚实。因为坐在一杯黄油爆米花前，然后突然意识到，你已经在不知不觉中把它吃了个精光，这样的事真的太容易发生了（在我身上就发生过好几次）。

自律：别这样做。通常情况下，"尽管去做"是我最喜欢说的话，但在这里，我想说，别这样做，除非你拥有足够的意志力，真的能够做到吃上一两口就马上停下。但你要如何养成这种习惯呢？我更喜欢告诉自己，不要去吃它，从而养成自律。

目标：如果你的目标是身体健康、身材匀称，给身体提供所需营养，而吃下这些我们正在讨论的食品，会让你瞬间脱离那条轨道，那么你可以考虑一下，究竟什么对你更重要：是吃下这些美味，还是实现你的目标？如果你觉得实现既定目标更加重要，那么只要你不再去碰那些东西，实际上你就已经给了自己最需要的东西。这样的思维，让我在遵守我自己定下的规矩时感觉良好，因为我是个喜欢实现自己目标的姑娘。

坚持：如果你平时每周吃五次馅饼，而你现在决定要减少到每周只吃一次了，那么当你看到一块淡黄色的柠檬派或者一块绿色的青柠派的时候，请你做一下算术。你这个星期是否还没有吃过馅饼？如果是这样，那么你吃上一块，还是符合计划的。或者，你是否一连三天都在吃馅饼？那么你没有坚持下来。想要坚持下去，你只能拒绝那块馅饼。你拒绝的次数越多，你就越能养成自律。

个人责任：能做出这个选择的人是你，只有你。你必须做出决定：到底为了健康不吃下美味的食物是你的首选，还是吃下美味的食物才是你的首选——如果你认为你的健康还没有立刻满足口舌之欲重要的话。我知道这么说听上去很残酷，但这就是事实。

对你自己多点儿耐心，对你改变你的饮食的能力多点儿耐心。你能将让你生病的、上瘾的食物，变换成富含营养的食物——这些食物给你的诱惑是健康的，而不是威胁生命的。这需要时间，还有最重要的是，你需要不断练习。

随着你不断地练习，你的状态会越来越好，这件事会变得越来越容易。

CHAPTER 26 | 改变你的习惯

我们无法选择自己的本能。我们有时也无法选择自己的习惯。但是作为成年人，了解我们为什么会有种种举动，了解这些举动来自我们的基因，还是来自我们日复一日的习惯做出的选择，是我们的职责所在。

婴儿时期，我们的一切行为都源自本能。成年之后，除了本能之外，我们还从这个世界上学到了各种事物。在你6个月大时，你的本能教你，饥饿了就哭泣。在你长大一些后，你学会了讨要你需要的东西，你学会了如何找到你喜欢吃的东西，学会了用刀叉吃饭。这些技能和食物选择形成了习惯。而现在，在我们每天坐下来吃饭时，几乎不会意识到这些习惯。

习惯非常重要，我们所做的一切，都受到习惯的影响，包括我们对自己的界定。你会游泳吗？也许有人教你学会了游泳，也许你小时候报名参加游泳课程，因此学会了游泳。而现在，你如此频繁地拿起泳衣、走向泳池，可以说游泳成为了你的一部分。你允许游泳决定你的日程和你的各种选择。反过来，游泳也塑造了你，游泳改变了你的体型，让你能充满力量地在水中自由来去。

但是，如果你从来都没有得到过跃入泳池中的机会，你就会成为另外一种人。如果你每天跑步，你就会成为一个擅长跑步的人；如果你每天写文字，你就会成为一个作家；如果你想成为一个专业级的标枪运动员或驯狮人，你只需要花大量时间投掷标枪，或教狮子越过铁圈，就能做到。

健康也是同样一回事儿。健康并不是什么偶然事件，也不是什么天赋，更不是什么幸运的事情。健康是一种习惯。这个习惯能够塑造、改变我们生来就拥有的身体，这个习惯能支撑我们受之父母的基因组成。毕竟，我们并不是从一个模子中出来的。有些人更高挑修长，有些人更曲线玲珑，有些人罹患先天性心脏病或呼吸系统的疾病——这和他们是否食用加工食品无关。但我们都有可能因为自行车事故而受伤，或因传染了流感而得病。所以如果我们希望，在我们背部受伤、哮喘发作、湿疹爆发、足弓下陷、膝盖受伤或脚趾受伤时，给自己一个战斗的机会，让自己能生存下来，我们就必须养成健康的生活习惯，让我们的身体能以最佳状态运作。

什么是习惯？

"我知道，我知道，卡梅隆，"我听到你在说，"我知道什么是习惯。刷牙是个好习惯，咬指甲是个坏习惯。"

好吧，这些都是一些已经养成的习惯。但你知道习惯究竟是如何形成的吗？以前我也不知道，但我到处问别人，并阅读了一些非常不错的书籍，比如查尔斯·杜希格的《习惯的力量》。我在那本书中找到了这样一段话："习惯指的是：我们的大脑在没有意识介入的情况下从事熟悉的活动，这样我们就能把精力节省下来，用于完成别的任务。"这段话的意思是说，你能在刷牙的同时，考虑今天该穿什么衣服去上班。这真是太棒了！谁希望把五分钟的时间花在考虑该怎么刷牙上呢？把牙膏盖取下，把牙膏挤在牙刷上，把牙膏盖拧上，把牙刷放入口中，等等。除非你是个演滑稽戏的小丑，否则你真的没必要把刷牙的过程一步步分解，你只需要几分钟就能刷完牙。

但请你想象一下这样的情景：在你下班回家的路上，你在一家本地的冰激凌店前停下，要了一个圆筒冰激凌，这是你每天给自己的小小奖赏。也许在你小的时候，当你在学校中表现不错时，你的父母会奖赏你一个圆筒冰激凌，所以现在你也用冰激凌来犒劳自己。这样很好，不是吗？因为每个人都应该好好犒劳自己。但其实只有在你第一次犒劳自己时，这个冰激凌才能算是犒劳。在这之后，它就会变得越来越寻常，最后，它只不过成了你生活中的一个组成部分而已。现在，你也许会不无自嘲地形容冰激凌是"你的最爱"，形容你自己是一个"喜欢吃冰激凌的人"。因为这其实和跑步或游泳一样，当你有意识地选择重复做某件让你感觉良好的事情时（无论这种良好的感觉是来自你的肾上腺素还是糖分，还是别的什么东西），它就成为了一种习惯。在这里，就是吃冰激凌的习惯。

我们的大脑对这样的习惯是如此习以为常，以至于在我们失去自控、跳过了需要意识介入的决策过程时，我们根本什么都没有意识到。所以，如果你想改变你的感觉，如果你想变得更加健康，你必须改变你的习惯。你必须清醒过来，意识到自己现在在做什么，以及你现在所做的事，将对你产生何种影响。做出更好的选择，正是养成新习惯的前奏。而做出更好的选择，在某种程度上就意味着：重新返回你不再做出选择的那些节点，重新评估我们根据习惯做出的那些被动的决定，并有意识地做出符合我们的长期目标的新选择。

所以，我现在希望你做的是：从你的各种习惯中后退一步，你需要明白，这些所谓的习惯，都是你曾经做出的选择。然后你可以问问自己，你是否喜欢这些选择所带来的结果。如果你不喜欢——也不用紧张，因为我有个好消息——一旦你意识到自己那些选择已经根深蒂固时，你就有力量改变它们了。

但首先你要负起责任。如果你想自主地改变那些习惯，首先你必须知道，你究竟有哪些习惯。你必须要先清醒过来。

在你埋怨自己的身体前，请先检查自己的习惯

很多我们以为完全无害甚至有益的事物，实际上却在伤害我们，这一点实在太惊人了。我一而再，再而三地发现，我的一些日常习惯、我对自己的一些"犒赏"，其实正是一些症状的根源，而正是这些症状，让我想要责备自己的身体。

举个例子，我有爱吃奶制品的习惯。奶酪条、切达干酪、山羊乳酪、帕尔马干酪、古乌达干酪、菲达奶酪、蓝纹奶酪、布里干酪，我都喜欢。我总认为，吃奶酪是一举两得的美事：奶酪既能给我提供蛋白质和钙质，也能让我享受美味。我也爱喝牛奶——我会直接喝下大罐牛奶。如果有可能，我还会配上咖啡，拿铁能让牛奶口感更好。温温热热、冒着热气，多么温馨，还含有咖啡因……这正是隆冬时节，我在波士顿户外拍摄电影时想喝的东西。相信我，我真的很喜欢拿铁——这种我新发现的奶制品，只要一拿上手，我就放不下来了。

可是与此同时，我的胃开始出现一些问题：我的腹部鼓起，我的肠胃胀气。这样的情况对我来说，简直再正常不过了：白天，我经常感觉到胀气。无论我做多少仰卧起坐，我的肚子总是很胀。所以后来我想，算了，说不定我天生就是这样的，我的身体就是这样的，我就是这样的。但我讨厌这样的自己，我讨厌肿胀的感觉，我讨厌胀气的感觉。这让我

觉得自己很挫败，这种感觉毁了我的生活。

有一天，我在网上和一个闺密一起购买拿铁，她是那种能够统观全局的人。我们聊了一个小时后，当我开始抱怨我感觉不舒服时，她替我把那些孤立的事情串联在了一起。

"很有可能是因为你喝的拿铁。"她说。

"不可能，"我说，"我常常喝这个。我就是肚饱气胀，这样的事情的确会发生。"

"没错，"她说，"是在你喝牛奶时才发生的。"

对她的话，我完全无法理解。喝下去这么舒服而且貌似这么健康的东西，怎么会伤害我呢？如果她说的是对的，那对我将意味着什么？我必须放弃拿铁吗？但我的胃真的不舒服。我感到绝望了。所以我暂时放下了拿铁，决定停喝拿铁一个月，看看情况是否会好转。

在接下来的一周中，我密切关注自己身体出现的各种感觉。在我不再喝牛奶后，胀气的情况明显大有缓解。但由于我密切关注身体情况，我还注意到，每当我吃下奶酪后，我的胃又会胀气，不像喝下拿铁后那么胀，但那种感觉也够不舒服了。

这让我开始重新考虑我爱吃奶酪的习惯——这对我来说非常痛苦，因为奶酪是我最爱吃的零食。我开始体验没有奶酪的日子。整整两周，我完全杜绝了奶酪和一切奶制品。结果呢？我没有遇到任何健康问题的困扰，我没有消化不良，没有胀气。

然后我想，我就喝一杯拿铁好了，让我试试看，让我来做个实验吧。

你能猜到实验的结果。就在那个时刻，我终于对自己说："这样太不值得了，这杯拿铁不值得喝。"我觉得，通体舒泰、感觉良好，要比吃下我以为美味、我以为能够安抚我或让我开心的食物重要多了。

习惯回路 [65]

习惯由三个阶段组成：暗示、惯常行为和奖赏。在第 25 章中，我们已经说过，看到一则食物广告，将如何激起你的食欲。那则广告就是一个暗示。坐在沙发前看电视也可以是一个暗示。紧接着暗示的是惯常行为，在这一阶段中，我们受到暗示的激发，向欲望屈服。奖赏就像字面上那样——在我们沉湎于我们最喜欢的惯常习惯中后，我们得到犒劳。

以我迷恋拿铁为例：

暗示：当我觉得寒冷时，我开始渴望拿铁的温暖。

惯常行为：我如何、在哪儿得到我的那杯拿铁，伸手拿起拿铁，喝下拿铁。

奖赏：在我喝下拿铁时感受到温暖和舒适，我还产生了一种正在好好照顾自己的满足感。

久而久之，这些连锁事件——感到寒冷、喝下拿铁、感到温暖——就深深植根在了我的大脑中。你还记得当你吃下含有糖、脂肪和盐的食物时，你的大脑会释放出内啡肽吗？每当我完成一次习惯回路、为了温暖舒适沉湎在欲望中时，我大脑中的神经元系统都被激活了。

在拿铁这个例子中，当我认识到喝拿铁对我没有好处，因而想要改变这个习惯时，我需要别的替代物。那个提示——感觉寒冷，需要温暖和舒适——并没有消失，至少在电影拍完前不会消失。我依旧想要那个奖赏——拿着杯子、喝下拿铁时那种温暖，我喜欢让那种温暖慢慢渗透到我戴着手套的双手中。

为了改变这个习惯，我需要清醒过来，我需要负起责任，我需要给自己树立规矩，并开发新的惯常行为。我能清醒过来，都该归功于这位朋友。我负起了责任，我进行了不食用奶制品的试验，并看到了试验的结果。然后我开发了新的惯常行为，在我感到寒冷时，我通过自律做出了不同的选择。

我的新的惯常行为，是喝下一杯更小的不含咖啡因的大豆拿铁。我依然满足了那个提示的要求，我仍然得到了奖赏，而且我得到了最终的奖赏——通过改变过去的习惯，并替换过去不健康的惯常行为，用对我身体更有益的新惯常行为取代它，我养成了一个能够支持我的目标的新习惯。

关于习惯，你需要记住的一些事

习惯会偷偷靠近你。 我每天喝拿铁的习惯，就是在我完全没有意识到的时候，悄悄接近我的。一杯拿铁，的确温暖、舒适，却让我的肚子胀气。一杯拿铁、两杯拿铁、三杯、四杯……就这样一杯又一杯，我形成了喝拿铁的习惯，我完全没有意识到我正在做出选择，也没有注意到我做出的选择，对我将意味着什么。

习惯可以转移。 当我意识到，我的习惯对我有害时，我能够有意识地养成一个新的习惯：换成更小杯的大豆拿铁。它也能给我带来同样的温暖和舒适，却没有不良后果。习惯是可以改变或转移的。你能调整你的老习惯，并让它满足同样的欲望。

习惯可以选择。比如我涂防晒霜的习惯。我从小在阳光下长大，但我以前并不是每天都涂抹防晒霜。后来我了解到，阳光将损伤我的皮肤，而且这个过程非常之快，我开始关注如何保护自己。一开始，需要我有意识地做出选择，但我能提醒自己这么做。我总会确保自己涂上防晒霜，我会选用我喜欢的防晒霜，这样我就比较愿意涂抹它。最后，涂抹防晒霜成为了我的惯常行为。现在我就是一个"涂防晒霜的女士"。这是一个习惯，一个大有裨益、积极健康的习惯，它是我日积月累养成的，它将保护我，不让我受到阳光的伤害。

为了让你的坏习惯没有遁形之处，你应该识别那些不经你允许就自动出现的习惯，并用你刻意追寻的、符合你的目标的好习惯来代替它们。今时今日，如果你在去咖啡馆之前，问我要不要带点什么，我连想都不需要想，就会说："好啊，帮我带一杯无咖啡因的大豆拿铁，一小杯就好，谢谢。"

没有东西是免费的

最近，我看到一群建筑工人在建造一个露天平台。他们只花了一个星期，就建好了平台。他们先打下地基，再铺设上木板，然后他们就建好了。在平台建好后，我们所能看到的，只有平台那闪闪发光的木质表面。但我们绝不会从平台上掉下去的唯一原因是，平台下面建有地基，是地基支撑着这个建筑。如果地基造得不好，不够坚实、不够平衡、不够水平，那我们就无法在平台上立足。

自律就像是你人生的地基，它支撑着你，为你做的一切带来稳定和条理。

自律的定义

我遇到过很多好像这个世界欠了他们什么的人：他们想要一份轻松又赚钱多的工作、一个豪华舒适的办公室，还希望在他们不想努力工作时就能偷一把懒、敷衍了事。这样的人不能赢得我的尊重。我能想到的人性最差的一面，就是主观权利意识过剩，认为自己得到一切都理所当然。你没有凭借自己努力挣得的东西，你就不配拥有。

人们津津乐道于成功的"秘密"。但是成功的秘密，其实根本就不是什么秘密！每一个成功人士都有一个共同点：自律。在我回顾我所取得的成功时，我明白力量对我很重要，能力对我很重要，自我感觉良好对我也很重要。而如果没有自律，我就无法获得这一切。一切都来自自律。我每天都会完成我计划要做的事，无论是在我拍摄电影时，还是在我处于两个项目中间的空当时。因为我的工作不仅仅是一份职业，我的工作是我为了创造自己想要的生活，需要去完成的一切事情。

如果没有自律，如果不懂得该如何付出努力，我想没有人能够取得成就。我和我的一些编剧朋友聊天，我问他们："你们是怎么写剧本的？"大多数编剧都会回答："我坐下来写啊。每天我迫使自己坐下来，写上至少两个小时。无论我有没有写出什么，无论我写了 50 页还是 2 页，我都必须坐下来写，因为我规定我自己必须这么做。"

这就叫职业道德。我所认识的在我们这个行业或在其他行业中取得成就的人，都是这样的，他们都努力工作着，因为天下没有免费的午餐，想要不劳而获是不可能的。如果你想要得到什么，如果你想在人生中的某个领域中取得成功，你就必须自律，就必须要有职业道德。因为只有在自律的帮助下，你才能有意识地去做一些事情，从而实现你所期望的目标。自律就是拒绝权利意识和期望值；自律就是强烈地意识到，你的各种选择具有不同影响力，而你的各种行为将带来不同的结果。

自律就是实现目标的引擎

本书的总目标，是让你拥有全方位的身心健康：头脑清晰、能够自律，身体健康、拥有力量，以及能够取得情感平衡。而拥有全方位的身心健康的方法是：通过自律将你拥有的各种知识和认知付诸行动，从而令你在饮食和锻炼身体方面，做出更明智的选择。

自律并不是一个严格的监工，它不会逼着你远离你最喜欢的食物，或者逼着你在你想小睡一会儿的时候去锻炼身体。自律是一种力量，这种力量能赋予你目标、焦点、力量和决心，从而让你能实现你内心所渴望的一切——我指的是，那些能让你拥有良好自我感觉的、富有成效的事情，那些能让你觉得自己精力充沛、活力四射的有益健康的事情，那些能让你和你自己相互连通的事情。我指的并不是你吃下一勺冰激凌或工作还没完成就打卡下班所带来的暂时满足，而是自我奉献所带来的力量感和幸福感，这种力量感和幸福感部分来自有始有终地完成自己的工作或任务。

我的父亲总跟我说，在第一次做一件事时，要学会运用正确的方式，这点是非常重要的，这样你就不需要浪费时间、返工重做。直到今天，我仍然牢记着这个道理，因为这个道理让我明白，该知道自己在做什么、该思考如何以正确的方式做这件事、该如何把这件事做对——因为如果一件事情没有做对，就没有完成，而我当然不希望去做第二遍。

我的母亲总是告诉我，天下没有东西是免费的。我记得在我 5 岁时，有一次我高兴地从一盒麦片中拿出了一个玩具，说："看，妈妈！我们免费得到了这个！"

我妈妈说："亲爱的，这个不是免费的。想要得到这个玩具，我们得先买下那盒麦片。"

我牢牢地记住了这件事。你所拥有的一切，你所得到的一切，都需要付出努力。我的父母努力工作挣钱，这样我们才能买下那盒麦片，并顺带得到那个玩具。我并不能不劳而获地拥有这个玩具。在过了这么多年后，他们的自律精神、他们的工作道德、他们的反主观权利意识的态度，让我明白了努力工作、挣得一切的价值。这一认识延伸到了我人生的各个方面。在我最重要的资产——个人健康方面，尤其如此。

自律地对待健康问题

每天，你醒来起床，忙各种事。有些事情是你必须去做的：上班、上学、刷牙、扔垃圾、遛狗；有些事情是你内心渴望去做的：浏览时尚杂志、和朋友们玩儿，或者去参加宴会。

如果你还在犹豫，不知道自己究竟该不该把健康问题放在首位，你也许该想想所有那些你付出精力去做的事，并弄清究竟哪件事在激发你的积极性。这件事是你并没有多加考虑的习惯行为吗？这件事是你为了钱在做的吗？你做这件事，是为了赢得同伴的尊重吗？这件事让你激情澎湃、是你真心想做的吗？你是否无法想象如果自己不做这件事会怎样？

无论你最大的动力来自哪里，请将这种精神用在照顾你的身体健康上，用在给你身体所需的营养上，用在进行经常性的运动和锻炼上。如果是责任感在激励着你，请记住，照顾自己的身体，正是你的职责所在；如果是激情在推动你，请别忘了，全身出汗的感觉是多么畅快淋漓；如果是经济收益在驱使你，请你想想：如果因为营养不良、缺乏锻炼而引发了慢性疾病，那么这个代价是一双运动鞋、健康的饮食、定期看医生换不来的。

你早已学会了自律！我知道这一点，因为你会喂自己吃东西、给自己穿衣服，并让自己从一个地方前往另一个地方，不是吗？如果你没有自律，你现在就不会读这本书。自律并不是需要你去发现的陌生领域，它早已存在于你的心中，只需要你把它找出来就行了。

当你接受这个世界并不欠你什么的事实之后；当你认识到你的各种选择都会产生不同的后果之后；当你理解，如果你自己交出了控制权，那么生活就会代替你做出选择之后，你的人生才真正开始了。

如果你能操控自己的精力，并将你的精力用在促进健康的事情上；如果你能够自律，并将你的自律用在那些有利于健康的事情上，那么照顾自己的身体、让自己拥有健康，最后就会成为你每天习惯去做的一件寻常事。

你能做到的！你知道你能做到。在你内心深处，你知道你能做到，而且你必须做到。因为尽管浏览时尚杂志或去参加宴会真的非常有趣，但世间再没有一件事比你的健康更重要，一件也没有。

你的健康值得你付出努力，值得你付出精力。

你的个人标准非常重要

我的自律源于我的父母，他们总是教导我要竭尽全力。是我该竭尽全力，而不是你或别人应当那么做。这就是我一个人的事儿。对你来说也是一样。你不一定要成为最优秀的，但你应该竭尽全力。你知道我指的是什么。你有责任让自己保持那个水准。自律需要你向自己挑战。你必须对自己负责！因为自律并不关心"这样对别人好不好"，它关心的是"这样对我好不好"。

在我很小的时候，自律精神和责任感就已经深入我心。我每天都依赖着它们。我的母亲每天早晨把我唤醒，让我做早餐，让我在吃完后收拾碗碟、打扫干净，这就是自律。我的父亲教我要负责家里的日常家务，这就是自律。我的父母让我明白，无论我干什么活，我都是那个该为后果负责的人——没有别人。

后来，我从别人那儿了解到了自律的价值。比如袁祥仁大师，他是我饰演《霹雳娇娃》时的功夫老师，他帮我明白，该如何利用自律来发现身体中蕴藏的真正力量。对他给我的这份礼物，我将永远感恩。

我的自律是我的一部分，自律也能成为你的一部分。无论你是在孩提或年轻时就学会了自律，还是刚刚才发现了自律的力量，都请你树立起自豪感，并培养对自己负责的能力。好好了解自己，了解自己需要成功。建立一个长期计划，并通过各个短期行为来实现你的目标，坚持不懈，一以贯之。你所有的这些行动，都是在培养自律精神：明白需要做些什么，明确自己的意图，采取有意识的行动，坚持到底并竭尽全力。

　　当你接受这个世界并不欠你什么这个事实之后；当你认识到你的各种选择都会产生不同的后果之后；当你理解，如果你自己交出了控制权，那么生活就会代替你做出选择，所以你必须努力工作才能夺回本属于你的力量之后；当你能够识别哪些是正确的选择，并培养了能够让你持续做出这些选择的自律之后，你的人生才真正开始了。因为自律并不是让你否定自己，而是让你实现自我。它并非意味着失去，而是意味着收获。每天早晨，我都会早早起床去健身房，即便这样做非常困难，即便我宁可躺在床上。我会想想，去健身房能让我收获什么，而不去健身房会让我失去什么。十有八九，我去健身房能有收获，而不去健身房将带来损失。在人的一生中，自律总是能给我们带来收获。

　　自律能够促使你更加自律，这就像人的肌肉：你用得越多，它就变得越强健，也就能让你承载更多。

CHAPTER 28 制订营养计划

无论你是谁，无论你在何方，让自己摄入有营养的食物，都是你应尽的责任。让运动参与到你的生活中，也是你应尽的责任。

在拍摄电影时，我需要从早到晚地待在制片现场。与此同时，我不忘运动——哪儿能让我跑步，我就跑步，让我的血液流动起来，让我的能量充沛起来——我也同样注重我的营养。

如果你了解电影的拍摄过程，你也许会感到吃惊，因为根据合同规定，现场所有人员的饮食都已做出安排——既然食物唾手可得，那么我为什么还需要去考虑自己该吃点什么呢？提供餐饮服务的那些人——那些在片场为大家提供食物的工作人员——会摆出所有餐点，供剧组人员在正餐之间随意取食，正餐每隔6小时会供应一次。餐点非常丰富。你可以想象一下：一张巨大的自助餐桌上，摆满了你可以想象到的各种美食——百吉饼、松饼、甜甜圈、曲奇饼干、奶酪、奶油奶酪、酸奶、水果，还有更多的曲奇饼干。摆放在自助餐桌上的食物，足有一英里长。这些食物当零食吃都很方便。这样的餐饮会让人们抱怨，他们吃下了太多食物，他们现在有多饱胀。在制片现场，我们称之为"餐饮行业带来的身体"。

很多人并没有对此多加考虑。他们并不对自己负责。他们只知道把食物吃下去，然后就会感觉糟糕透顶，然后体重就会增加，于是他们就开始抱怨这些食物。这是个很容易让人掉进去的陷阱。食物已经为你准备好了，不需要你再去考虑饮食问题。因为，如果你在前不着村后不着店的制片现场一天工作12个小时，你就必须得吃点东西。尽管在餐桌上，也有一些健康的食物，但你很难管住自己的胃口，因为琳琅满目的各种食物，就摆放在你的眼前。曾经，这些美食是对剧组人员的一番好意，而现在它们就像潜在的定时炸弹，威胁着剧组人员的健康。因为如果你和他们一样辛勤工作，你就一定会饥肠辘辘，但你没有时间出去吃东西，并认真思考你都吃下了些什么。这样的情境营造出一种气氛，在这样的气氛中非常容易养成不良习惯，造成营养不良，并让你食不知味、心不在焉地吃下各种东西。

归根结底，这仍然是个人责任问题。你可以归咎于环境，说你被各种充满诱惑的食物重重包围，或者你也可以接受一个事实：吃什么、吃多少，都是你能选择的。对你吃下了什么食物，你应当做到心中有数。你不能拿你不能在家中吃饭作为借口。无论你是因为做陪审员而与世隔绝，还是在一间办公室中，或是在朋友家中，还是在制片现场，你总能做出更好的选择。请你记住：饥饿是你的朋友。所以请做出规划，这样你能好好安排自己的膳食，并给自己提供需要的营养，而不是一味镇压自己的饥饿感。你能做饥饿的主人，对它负起责任，你必须这样做。

从早餐开始

在过去10年中，我的造型师都是同一个人，她叫罗宾。你可以想象到，在近距离地看了我这张脸10年后，她已经非常了解我的皮肤了。我和罗宾常常需要在清晨就开始工作——真的很早，常常在早上5：30就要开始拍片，这就意味着我需要在清晨4点醒来，洗澡，然后在4：30

到达现场。

如果我在罗宾面前坐下之前，没来得及吃早饭，她马上就能觉察到。她只需要看我一眼，就会发现这件事："你还没吃早饭啊。"

她就是能够马上发现！

于是我就会说："我知道，我知道，早餐快准备好了。"

她就会说："好吧，那我们再等等，等早餐送到，你吃下两口后，我们再开始。"

她拒绝在我吃早餐前给我化妆，因为只要我吃下两三口食物，我的皮肤就会发生变化。到了那时，我的皮肤才能承受化妆。罗宾会在灯光下看看我，然后宣布我们可以开始了。

她知道，早餐是一天中最重要的一餐。因为在我们睡眠时，我们的身体处于休息、恢复和重新充电的过程中。当我们起床后，如果我们希望自己容光焕发，我们就必须再次给我们的身体补充营养和能量，这样我们的身体才能做我们让它做的所有事情。吃过早饭后，我们不吃不喝的夜晚就结束了。

吃早餐非常关键，因为早餐能帮助你：

·达到每日的营养需求。

·保持健康的体重（不吃早餐的人往往会在其他两餐时吃得过饱）。

·养成健康的习惯，为其他符合营养学的良好习惯打下基础。

因为每天规律地吃早餐，也是一件需要自律的事。

我常常规划好自己的早餐。因为我越是能尽快准备好早餐，就越容易继续保持吃早餐的习惯。我希望你也能这样做：规划好你的早餐，让你得到你需要的营养，这是头等大事。我所指的早餐，可不是你匆匆忙忙带上的一份含糖早餐，而是你一有机会，就会为自己准备的真正的、天然的早餐。对很多人来说，早晨都是一天中最忙碌的时候，但这并不是说，吃上一顿有营养的早餐就不重要了，实际上吃早餐才是更重要的事。

为自己的成功做好准备

我们都非常了解自己，所以我们都知道，一天中什么时候会感到饥饿。如果你的肚子一般会在下午晚些时候开始咕咕叫，你会知道。如果你惯常的饮食模式发生了改变——比如你通常在 6 点吃晚饭，但这天你得在 8 点吃晚饭——那你就需要吃点小吃，才能撑到晚餐时分。你知道的，如果你那天得送孩子们去参加一个特别的活动，那么在你回家的路上，你就很有可能受到去汽车餐厅的诱惑。

那么在关系到你的健康时，你会如何让自己走上成功之路呢？这和你整理包裹、准备一次完美的度假是同一个道理：如果你事先知道，你会去那儿游泳，你会带上一套泳装；如果你事先知道，你会去那儿远足，你会把徒步鞋放到行李箱中。这就叫未雨绸缪、做好准备。你的营养问题，也是同一码事。如果你打包带上健康的小吃或早餐，哪怕只是你知道在哪儿能够找到健康的小吃或早餐，就能避免在饥肠辘辘时做出糟糕的决定，并提供给自己必需的营养物质，让你能始终保持感觉良好、精神集中。为成功做好准备，会让你清醒地意识到此刻做出的选择。这样你才能为那些猝不及防的时刻做好准备。在那样的时刻，你必须动用你全部的意志力，才能继续向着既定的目标前进。

在我自己的营养问题上，我认为提前准备是最有用处的。提前准备能保证，无论我走到哪儿，都能有所准备，都能吃到那些符合我的饮食标准的食物；提前准备能保证，我不会陷入两害相权取其轻的困境中，我永远能选择更有营养的食物。

采购和烹饪下周的食物

在周日，如果你来我家里，你一般要在厨房里才能找到我，因为我正在准备下一周要吃的食物。在周日，我会告诉我的朋友们，我无法和他们共进午餐；在周日，我会告诉我的侄子和侄女们，如果他们想找我玩儿，就得来我家里找我。我会确保，在我准备食物的周末，不会有预先安排好的会议或电话，因为这段时间对我来说太重要了。有了这段时间，我才能为下一周做好准备，我才能在下周中照顾好自己，让我在下周一帆风顺、感觉良好。

如果你有连续几个小时的空余时间，你就能一气呵成地采购并烹饪好食物。如果你没有这么多的时间，你可以计划在周六去采购食材，在周日烹饪食物，或者在周日采购食材，在周一晚上烹饪食物——具体要看哪个时间安排更适合你。

对我那些吃素的朋友来说，也许做一个蔬菜汤，再准备一个大个的羽衣甘蓝做沙拉、一锅豆子和米饭就足够了。羽衣甘蓝容易在冰箱中保存（为了防止它变蔫，你可以在准备食用的时候再拌上沙拉酱）。这样，在饥饿来袭的时候，他们总有准备妥当的餐点可用。有时，我会准备好做一份沙拉所需的全部配料，将它们单独储存以保证新鲜度，然后在前一天晚上或当天早上，把蔬菜和配料搭配在一起，做成沙拉。为了获取蛋白质，我通常会做点鸡肉，鸡肉能在冰箱中神奇地放上好几天，所以我会在周末多做一点儿鸡肉，那么下周我就能随手切几片鸡肉放到午餐吃的沙拉中，或将鸡肉加热，和鸡蛋、绿叶蔬菜、燕麦一起当早餐吃。在网上和烹饪书中有很多新鲜健康的食谱，可供你选择。你可以浏览浏览，找到你喜欢的书籍或博客，然后让那本书或那个博客成为你的新朋友。

请记住，所有的人都能以他自己特定的方式，为成功做好准备，但是关键在于计划。我有些朋友从来不根据菜谱做饭。他们喜欢直接跑到商店里去，把一大堆蔬菜扔到购物车中，回家后站在切菜板前，再即兴决定做什么菜。我的另一些朋友则更喜欢按部就班的方式，他们会选好几个菜式，把需要采购的食材列在清单上，然后照着购物清单，在购物篮中放满食物，在准备好所有食材后，根据食谱做菜。

在你考虑自己的购物清单时，你可以想想你希望实现怎样的目标，并配合你的目标、饮食风格列出下周的购物清单。

计划和采购

在你坐下来，计划你一周的膳食和购物清单时，你可以将下面几点纳入考虑：

下周你的锻炼强度如何？ 在我准备一周的膳食时，我通常会考虑一下，下周我会进行多少锻炼。如果我知道，我一周中有五天能去健身房，而且我的健身锻炼强度将会更大，我就会好好计划下周的膳食，让我下周的膳食能为这样的健身安排提供营养支持。但是，如果我知道，我只有两天会去健身房并进行高强度的锻炼，而在其他几天，我只会在有机会时进行一些轻度锻炼以提高心率，那我就会根据在这种锻炼强度下，我身体对营养的需求做出饮食上的安排。根据你的身体对营养的需求，提前做好准备，让它符合你的日程。这永远都应该是一个等式。

下周你会做早餐吗？ 如果你决定，早晨出门前在家做早餐，那你就该问问自己，下个星期你会需要些什么早餐食材，这样你就能在前一天晚上拿到食材，并做好准备。你想吃燕麦吗？你得预先确保在你的厨房中储备着燕麦。

家里有粮食吗？ 你想吃藜麦还是棕米，或许来点儿小米也不错？提前准备好粮食，如果你将度过忙碌的一周，这样做能应急。谷物在冰箱中很容易保存。我喜欢准备上好几种不同的谷物。我能把黑豆和棕米混在一起，也能煮藜麦，在一周中换着吃。

你也别忘了蛋白质。你的清单中有肉类食物吗？鸡肉？鱼？牛肉？或者你下一周打算少吃一点儿肉，从各种豆类和谷物中获取蛋白质？备几个鸡蛋应急，还有，别忘记了，一锅米饭加扁豆能为你提供充足的蛋白质和全麦谷物。

准备生鲜食品。 你想在做沙拉时使用什么蔬菜？你想炒、蒸、烤什么蔬菜呢？你想吃什么水果？你可以采购各式各样的蔬菜和水果，但你要有计划地采购，因为这些生鲜食品和谷物、蛋白质类食物不同，它们不能存放很长时间。如果你买了羽衣甘蓝、番茄或菠菜，准备用它们做一盘大份的沙拉，你该在下周的前几天吃了它们。你可以把你当时更想吃的蔬菜，比如抱子甘蓝、辣椒或者胡萝卜，留在后面几天吃——它们能在冰箱中多存放几天。

不要忘了柠檬。 柠檬汁是优秀厨师的私房秘密。在我吃过的东西中，无论是肉、蔬菜还是谷物，很少有比几滴柠檬汁更美味的东西。我喜欢强烈的味道，柠檬总能加强各种食物的味道。此外，柠檬中的酸味能让食物的口感更咸一点。

新鲜的，冷冻的，还是罐装的？

新鲜蔬菜是第一选择。在夏季，到处都是新鲜蔬菜——乡村的农产品摊位上有，城市中的市场摊位中也有——但在你生活的地方，未必总能买到新鲜蔬菜。蔬菜当然越新鲜越好，但如果你来到市场上，看到蔬菜都有点发蔫了，也别着急。你的第二选择是冷冻蔬菜。

实际上，有的冷冻蔬菜比新鲜蔬菜含有更多的营养物质，因为它们是在生长得最好时被采摘下来的，并快速冷冻，所以保存下了营养价值。而新鲜蔬果通常是在没有完全成熟时采摘下的，因为它们还得经过长途运输，才能来到你的身边。这样的蔬果不仅营养较低，在运输过程中，还被暴露在了光和热之下，因此它们会更快变质。所以不要拒绝冷冻蔬菜，你需要做的只是：在你烹饪这些蔬菜时，可以蒸或炒这些蔬菜，但不要水煮，因为水煮会让蔬菜中的水溶性营养成分流失，而这些营养成分在冷冻过程中，其实并没有被破坏。

罐装蔬菜应该是你的最后选择，因为在加工过程中通常加入了盐、糖和防腐剂，已经流失了大量营养成分。所以请尽量避免食用罐装食品。

准备好你的每一餐

对我来说，准备食物的时间是非常轻松自在的。这段时间允许我多考虑考虑自己的健康，并想想我喜欢吃什么美味，还有什么食物能滋养我的身体。有时候，我会在周末和朋友们小聚时，和朋友们一起准备下周的食物。我们会一起做饭，然后把一道菜分成好几份。有时，我们会各自多做几份健康、美味的菜肴，然后大家一起分享它们。

在我准备食物时，我先把两份谷物放入锅中，因为它们下锅后，至少要20~45分钟才能煮熟，在这段时间中，它们不再需要我挂心。在煮饭的同时，我开始清洗蔬菜，并将它们切成最合适的大小，一会儿将它们炒、蒸、烤、焙。然后我会烹饪肉食。通常我会做点鸡胸肉，我一般不会加很多花哨的配料，就加上一点儿大蒜、食用盐和橄榄油。我会在炒锅中煎鸡肉，或在烤箱中烤鸡肉。我习惯尽量做简单的菜，因为食物越是做得简单，就越有原汁原味。

　　在所有准备工作都做好、食物烹饪好后，我会用几个容器把食物分装成几份，每份中都有蛋白质、谷物和蔬菜。我会为每一天准备好一份打包，并留下一点儿额外的，这样在我工作得比之前预期更晚的那些晚上，我就能用它们应急了。当一切食物都准备好、等着被装进保冷袋或转移到工作场所的冰箱里去时，我感觉好极了。我知道，无论我去哪里、去做什么，我都能得到这些我随身带着的谷物、鸡肉和蔬菜的滋养。我知道，如果我要去坐飞机，我可以对空姐说，我不需要飞机上提供的冷藏餐点，因为我自己随身带着鲜美的食物。我知道，我已经未雨绸缪，提前给自己做出了安排，正因为如此，在即将到来的那一周，无论我需要做出什么样的选择，都会相对容易一些。

计划着少吃一点糖

　　想要识别出正餐和小吃中的所有添加糖，是非常有挑战性的，特别是如果你想减肥的话——但这样做也非常值得。你可以回过头去再仔细读一读第 7 章，然后去你家的厨房和食品室中，读一读食品上的标签。在你每天都食用的食物中，究竟含有多少添加糖，而你之前根本就没有怀疑过，这些食物中竟然含有添加糖？有什么好方法可以帮助我们减少添加糖的摄入呢？这里有 10 个简单易行的小办法：

1. 将加糖的瓶装茶和速溶茶粉替换成未加糖的冰茶和茶包。
2. 试着慢慢爱上没有加糖的咖啡或茶的味道。
3. 购买天然的花生酱，别买那些加糖的花生酱。
4. 把加糖的燕麦换成未加糖的燕麦或纯燕麦片。

5. 选择纯酸奶，并配上新鲜水果，别买那些已经添加水果的酸奶。

6. 自己拌沙拉，自己添加柠檬汁或你喜欢的醋，再加上一点儿橄榄油，不要买罐装的沙拉。

7. 别再吃糖果，吃浆果。

8. 选择芥末、醋和香蒜沙司，用它们取代番茄酱。

9. 用罐装番茄替换意大利面酱。

10. 不要再喝碳酸饮料！在清澈的饮用水中加入柠檬、酸橙或薄荷。

在你戒除添加糖一个星期后，你可以试着去尝一口加糖的冰茶。喝上去是不是比你印象中的口味更甜？让你的味蕾休息一下，你能以全新的方式，真正品尝到食物的味道，也许你会为你一直在吃的这些食物竟然有这么甜而感到惊讶！

在你饥饿时，记得吃东西！

作为人类，在饥饿时进食是你的主要任务之一。而我们好像常常忘记了这一点，这真是太奇怪了。如果你喜欢阅读时尚杂志，或者你有一个经常在"节食瘦身"，却并不是真的很了解营养学的好朋友，你很容易会把饥饿当作你该对付而不是该拥抱的东西。就像我们之前讨论过的，在饥饿时喂饱自己是非常关键的。请你记住，饥饿和食欲可不是同一回事。当你感觉你的身体在向你索要营养物质时，请考虑以下几条：

了解什么是真正的饥饿。饥饿标志着你的身体需要摄入真正的、有营养的食物了，通过摄入这样的一些食物，你的身体才能继续坚持下去。

如果你习惯于过度饱食，你也许该花点时间，习惯着少吃一点儿，等你的消化系统提醒你时再进食。你该相信你自己，相信你自己的身体。如果你吃下了健康的一顿饭，那么你大约会在三个小时后，开始感觉到饥饿。不要等到饿得发疯的时候，再去吃东西。在你刚刚感觉到饥饿时就去吃东西——别吃太多，让那种饥饿的感觉消失，让你自己觉得舒服了就好。不要吃得太饱，也别让自己饥饿，让自己满足就好。

意识到饱足感。"饱足"这个词所指的是：在你吃下或喝下食物后，那种生理上的和心理上的吃饱了的感受。当你觉得饱足的时候，其实是你的身体在告诉你，你已经给了它足够的养料，它能平静下来继续工作了。当你意识到这种饱足感后——这种饱足感指的是，你不再感觉到饥饿，而不是让你觉得自己已经饱得需要解开牛仔裤的扣子了——你就该停下来，别再继续吃了。

关注"心无旁骛"和"心不在焉"地进食。在你专心地吃东西时，你做到了心无旁骛（不再受到电视、智能手机、电脑、杂志或报纸的干扰）。你进食的速度很慢，你注意到了吃下去的每一口食物。在你心无旁骛地用餐时，你不会一边看着这个星期你最爱的电视节目中最精彩的部分，一边完全心不在焉地吃下整整一袋椒盐卷饼。

如何练习心无旁骛地进食？有以下三个步骤：

1. 在用餐前：不要心不在焉地看到什么就吃什么。等到饿了再去满足你的食欲，并选择你喜欢的、能给你身体所需营养的食物。
2. 在用餐时：慢慢地进食，集中精力享受你的这顿餐点。食物闻上去如何？味道如何？脆吗？滑吗？香吗？

3. 在用餐后：回味一下你刚才吃下的食物，给你带来了什么样的感觉。你现在觉得自己灵活吗？还是有点儿懒散？精力旺盛吗？还是有点儿胀气？你还想拥有这样的感觉吗？你还想吃这样的食物吗？

要关注你的饮食，首先需要计划和准备食物，然后是打包你的食物并随身带上，然后一路继续下去，直到你吃完最后一口——在你停下来时，你应该有满足感，但不是饱胀感。所有这一切都只有一个目标：让你能相对容易地在自己饥饿时喂饱喂好自己，让你的漫漫人生、让你的此时此刻充满能量。

CHAPTER 29

找到潜伏在你体内的运动健将

你是一名运动健将，没错，我说的人就是你，即使你连一公里路都没跑过，更别说参加马拉松；哪怕你从来没有做过一个俯卧撑，更别说 20 个；哪怕你从来没有投过一个球、打过一个球、投进一个篮，或打出一个本垒打，你仍然是一名运动健将，只不过你还没有发挥出你的全部潜能而已。

你知道是什么让人们觉得自己体格健壮吗？是体育活动。

成为一个运动健将，并不仅仅意味着赢得比赛或获得奖杯，而是找到让身体活动起来，将身体推向极限的乐趣；是发现你那平时像香草布丁般的软绵绵的手臂肌肉原来是那么有力的欢欣和成就感。这种胜利感并非来自你的内在，而是来自锻炼。

我有一个亲密的朋友，她长得很娇小，在我认识她后的 15 年中，她从来没有进行过任何体育活动。一天，她决定报名参加一个健身小组课程。她很喜欢健身课程带给她的感觉，于是她又报名参加了另一个健身课程，接着又参加了一个。随着不断锻炼身体，她获得了力量，并且清楚地意识到正是这些锻炼的功劳。她喜欢运动起来的感觉，她喜欢自己变得更加强壮的感觉。一旦她给了自己一个机会，发现了她身体内部潜在的那个运动健将；一旦她意识到，在运动起来后，人生变得更美好了，她就做出了将运动健身放在第一位的选择。现在，运动健身已经成为了她的习惯。她每周运动 4 次，都是一些非常有挑战性、强度很大的锻炼，通过这些锻炼，她的身心都发生了变化——她的精神力量和情感力量都变得比以前更强大了。在生活中她是个很忙碌的人。她经营着自己的生意，还育有两个孩子。她总是非常自律，很有职业道德——现在她将这种自律精神和职业道德贯彻到了她的健康和健身事业中，她真的过得风生水起、有声有色。

她做出了一个重要的选择，给了自己一个机会。现在，她成为了人生这场戏的主宰。

你不想要同样的机会吗？

运动起来

每天，我都是这样开始新的一天的：我醒来、起床、喝水、补充能量，然后运动。当我刷牙时，我开始唤醒整个身体。当我喝下一大杯水后，我的身体运转了起来。我快速地吃几口早餐——或者是前一天晚上吃剩下来的饭菜，或者是一些藜麦和扁豆，给身体一点儿养分，这样我才能在准备丰盛的早餐前，做那些我需要做的事情。

我希望你也这样做：醒来起床，补充能量，运动起来。如果你没有时间去进行系统的锻炼，你可以在稍后安排系统的锻炼，但此刻你先要好好唤醒你的身体，你可以上下蹦跳，直到你的脸蛋感到温暖。然后再做一些下蹲运动，或 60 秒钟的平板支持运动，或跑上人行道、沿着街区慢跑，直到全身的血液奔腾起来为止。就是这样！在早上出汗非常舒服，即便这意味着你得早点起床。

在你选择了以运动锻炼开始你的一天，在你每天一早就做出如此强大的选择的同时，你也加强了自律。你会发现你能做到，你应该这样做，你必须这样做！

做出计划，坚持到底

正如你该好好计划每天的营养摄入一样，你也该好好计划每天的锻炼运动。

我听到最多的逃避锻炼的借口是："我没有充足的时间。"我能理解大家都很忙，但有时我们并没有把时间最好地利用起来。每当你试图做好充分准备时，你应该考虑的是"我怎样做才能节省时间，从而帮助我实现自己的目标？"有时候规划自己的成功之路，并不总是那么璀璨迷人。它意味着你要做好下面这些事情：整理出你的衣服，打包好第二天的午饭和小吃，并在一个说得过去的时间上床睡觉。

制订计划能帮你自律，并养成新的习惯。制订计划能保证你能拥有锻炼身体、装备自己的时间。如果你想将一切都纳入你的日程安排中，前瞻性思维能够为你节省下不少时间。下面是我为了让自己坚持健身所采用的一些小办法：

将健身安排记录下来。如果你约了医生看病，或者你有会议或约会，你总会想方设法在约定的时间现身，对吗？那是因为你早已做出了有关的日程安排，你认真对待了这件事情，还有，你把这件事记了下来。健身也值得你如此认真地对待。所以，制订你的健身计划，安排好健身时间，并将你的健身安排记录下来吧。

拿出衣服。为了在第二天进行早锻炼，你需要在前一天晚上拿出你的健身服装，还有健身后穿的衣服。如果在锻炼之后你不会再回家，就把衣服和别的用品打包带上，在健身房中淋浴。就我个人来说，我认为在前一天的白天或晚上做好决定，要比在当天早上5:30做出决定容易多了。如果我在当天早上匆匆决定要去健身，那么丢三落四是不可避免的。

准备好在健身房用的洗漱包。我在健身包中放了一个旅行装的小洗漱包，里面放了我淋浴、化妆所需的所有物品。这样我就不需要在每次整理包裹时，一件件地去想该带上哪些东西了。我只需要把洗漱包装进去就好了，所有物品都已经装在里面了。

如有需要，带上所有物品。当然，多带一个包会很恼人，但这总比因为没有时间回家换衣服而放弃锻炼计划好多了。如果我打算在一天结束时锻炼，我可以先将东西打包，随身带着，直到我该锻炼出汗的时刻到了，再把装备拿出来。

让你的打扮给你提供便利。如果我预先知道，晚上我要外出，在外出前我要先去健身房，那么我就会想方设法，把我白天的行头变成适合夜晚出行的衣服，到时只需换一双鞋、搭配一个小包或一些适合晚上佩戴的珠宝就可以了。这样我的健身包就不会太重。在这样的日子里，我会用看上去像一个大手提袋的健身包。这样，知道我把那些浸渍着汗液的健身衣带到豪华饭店中的人，就只有我一个。

多带一些内衣。我总会在我的健身包中多放几件内裤和文胸。内衣最容易忘记带！当你的内衣在健身后浸满了汗液，你需要换一身内衣才能穿上外面的衣服，那时你会需要它们的。在未来的某一天，你说不定就会为这一预先安排感谢自己，这点我可以向你保证。

你的身体将学会何种语言

活动你的身体、探索你的身体能做到些什么简直棒极了。这么做之所以能给你带来这么棒的感觉，部分原因在于，你的身体具有无限的可能性。这就像学会一种新的语言——一旦你能用新的语言流畅地交流，你就会想一直使用那种语言说话。

制订计划能帮你自律，并养成新的习惯。制订计划能保证，你有时间锻炼身体，并能准备好你锻炼身体所需的一切装备。

自从我发现，我的身体在《霹雳娇娃》拍摄现场，能够说"功夫"的语言后，我就找到了不少可以让它学会的新语言。在拍摄第一部《霹雳娇娃》时，我学会了单板滑雪；在拍完第二部《霹雳娇娃》后，我学会了冲浪。我小时候对跑步和徒步远足的激情，在那时又重新被点燃。而且我发现，我教我的身体学会的新语言越多，它就越容易学会新的语言。这种畅通无阻的状态，给了我各种机会进行各种各样的尝试。我能参加许多不同的活动，因为我拥有力量和知识。

如果你希望自己能按原计划坚持下去，把你的体育活动和你的兴趣爱好、生活模式结合起来是非常重要的。当你考虑哪种健身项目会比较适合你的时候，你可以问自己下面几个问题：

什么样的运动环境能够激发你？ 就个人而言，我喜欢健身房。我喜欢和一群流淌着汗水、不断鞭策自己的人在一起。我们都专注于同样的目标。我喜欢身处在这样的一个群体中。当你花大量时间在这样一个到处都是志同道合的运动伙伴的环境中锻炼时，你就一定会遇到其他也喜欢交朋友、一起锻炼的人。

　　你的朋友们在做哪些健身活动？ 你有打网球的朋友吗？在周六的下午，和朋友会个面，一边尽情呼吸新鲜空气，一边打一场网球，这是多么惬意的事啊。你也可以跟着邻居一起去瑜伽课或动感单车课。健身伙伴是最好的，但要明智地选择你的健身伙伴。争取和健身强度与你基本相当的人一起锻炼，和能带动你、鞭策你的人一起锻炼，和可以信赖、不会放你鸽子的人一起锻炼。你该永远准备好第二手计划，以防你的伙伴临时取消了锻炼。如果你的网球搭档在最后一刻有别的事来不了了，你可以去跑步。他们的借口，不应当成为你不锻炼身体的借口。

　　附近有些什么？ 在你所居住的社区中，你真正能接触到的体育活动有哪些？你是否生活在湖畔？你住的地方附近是不是有一个大水塘？附近有可以徒步远足的地方吗？你家附近的公园中有健身步道和单杠设施吗？把你的健身计划和当地的设施匹配起来，能帮你坚持锻炼，并能帮你更了解自己的社区。

　　你愿意花多少钱？ 只要你愿意刷银行卡，总有那么一些人，会想方设法向你兜售他们的速成奇迹疗法。但其实健身并不需要花钱，只要你能坚持锻炼下去就行了。每个人都能做俯卧撑，你现在就能做！这是不需要花钱的。也许骑单车、举重和楼梯训练机的确有点用处，可你未必需要它们。你什么都不需要：你需要的就是你的身体，还有一个让它开心的心态。

实现健康

健康的身体非常美好，但想要实现健康并不容易，这个过程非常有挑战性，也非常了不起，非常鼓舞人。当你想要报名参加某个健身项目时，选择一个你会喜欢的活动项目。不要因为你以为某项运动能带来惊人的成效，或者因为某项运动非常时髦、非常酷，就选择了它。如果你不喜欢这项运动，你就无法坚持下去——那么这项运动有没有成效、够不够酷都不重要了。你可以选择一些有趣的、动感强的或户外的运动，或者一些社会性的、欢快的、适合交际的或社区型的运动，或者一些比较私密的、安静的、适合冥想的、给你内心重新充电的活动。无论你在生活中喜欢什么，你应该选择能够代表相同旨趣的体育活动。

在你小的时候，你也许参加过垒球联赛。你为什么后来不再打垒球了？如果你想起了当年你打进第三垒时有多高兴，你就可以考虑重新拾起垒球。要投身于体育锻炼之中，你就不能再把它当成一件困难、烦琐、无趣的事情，而该把它当成你的玩乐时光。在这快乐的玩乐时光里，你能让自己的身体运动起来，让你的精力更加充沛，让你的心跳加速，让自己更加兴奋，而这些美好的事情，都是你小时候所习以为常的。所以，你可以回顾一下，哪些体育活动曾经给你带来了快乐，现在就将它们重新融入你的生活中去吧。

或者你也可以尝试尝试新的运动项目。

尝试新事物可能会让人望而生畏。没有人希望自己在第一次慢跑时，或参加第一次瑜伽课程时，就遭遇失败。但其实这有什么关系呢？至少你到场了，至少你在尝试。我一直都认为耐克鞋的广告口号说得很好："去做就是了！"我说这句口号好，是因为它非常简明，它适用于任何你的大脑想要说服你别去做的事情。每天，我至少对自己说五遍：去做就是了。这句话的确是一切的答案，你只需要去做就行了。

比如你的工作。你是如何学会做你的工作的？如果你以撰写报告、装饰蛋糕、出租房屋为业，你一定先得从某个地方学会有关本领。你又不是天生就了解法律、糖霜或房地产。你学会生活所需的各种技能的唯一途径就是：着手去做。也许你并不能每次都做得最好，甚至未必每次都能坚持到最后。但是这点并不重要。如果你能做到，那是因为你在不断尝试、不断地做。

我是说，想想吧：为了能顺利长大、成为大人，我们都得学会不少事情。或许你得通过努力学习，才能考上大学。为此，你一遍遍地复习你的功课和笔记，直到你能通过各种考试，然后继续学习新的知识；或许你学会了不少街头智慧，学会了每天如何顺利地从学校回到家中，而不遭人拦路抢劫。让你的身体运动起来也是同样一回事：你只需要不断去做，直到运动成为你的第二天性。以前你必须通过不断学习，才成为了现在的自己；现在你必须不断学习，才能在未来成为你想成为的自己。

在你开始使用你的身体后，你会看到它做出什么样的反应。你的力气将会突飞猛进地增长，你的身体将理解运动和存在的新方式。

运动的更多益处

无论你认为自己穿着牛仔裤看上去身材有多好，你还是需要锻炼。你能穿下 2 号牛仔裤，并不意味着你的身材很苗条，也并不意味着随着年岁增长，你将能拥有必需的肌肉力量和骨骼力量。如果你已经努力要让自己的体重减轻下来（这真是好极了），你知道你必须不断让自己流汗，才能减轻体重，不然你的努力就会付诸东流。无论你现在有多年轻，有多苗条，无论你的男朋友对你说，他有多喜欢你的身材，你都必须运动。运动和你穿上华衣美服后的形象无关，和你的配偶看到你穿着 D 杯（或 A 杯）内衣的表情无关。运动关系到的是你的身体健康、你的力量、你的耐力，还有你没有想到的许多事情。

安眠药上瘾者：如果你经常活动活动身体，你会发现你睡得更深，休息得更好。

自作聪明的家伙：当你增加运动量后，你就给予了你的身体所需要的东西，让它能完成许许多多重要的工作，比如将氧气通过血液输送到你的全身，特别是输送到你那颗大大的、美丽的脑袋中，让你的思维能更清晰、更活跃。

嗜睡的懒鬼和咖啡迷：有些人担心，锻炼会让自己疲惫不堪，如果你没有得到所需的营养来支持运动，你的确会在运动后疲惫不堪。但如果你吃下了合适的食物、喝下了充足的水，为运动提供了支持，那么锻炼就会让你的精力更加充沛。

预防性健康人群：你的家人中有人得慢性病吗，比如心脏病和2型糖尿病？经常锻炼身体能降低你罹患这些疾病以及其他疾病的风险。

精神抑郁的人：运动过程中和运动之后能让你感到愉快欢欣，你的整体情绪会有所改善，抑郁或焦虑的发生率和严重程度都会降低。没错！运动不但能让你更强壮，还能让你更高兴！

每天最重要的 15 分钟

我喜欢在每天一早起床后就开始运动：运动让我步入正轨，并给我带来一天的动力。哪怕我只有 20 分钟，我也会在住宅附近来回跑一跑。或者我会戴上头戴式耳机，穿上运动鞋，在起居室里跳跳舞。我发现，通过吃下一顿健康的早餐，并让我的身体在早上流一次汗，我就能带上满满的能量，开始新的一天，而不是一天到晚地在和别人见面时打呵欠。无论是在户内还是户外，15 分钟的运动，给了我充沛的精力，并让我了解到，运动的感觉有多么棒。

无论你认为自己穿着牛仔裤看上去身材有多好，你还是需要锻炼。你能穿下 2 号牛仔裤，并不意味着你的身材很苗条……运动关系到的不是我们的形象，而是我们的感觉。

运动关系到的不是我们的形象，而是我们的感觉。很多人忘了这一点，这真让我吃惊！如果你在餐馆中、服装店里和宴会上，花点儿时间偷偷旁听一下别人的谈话，你就会听到女性朋友们常常会抱怨她们的外表，并说自己应该多运动运动，让自己更苗条。我们常常会谈论我们的外在形象，但外在形象并不是我们运动健身的真正原因。对所有希望自己强壮、健康的人来说，对所有希望在自己的有生之年中，能拥有生气

勃勃的身体，而不是虚弱生病的身体的人来说，运动都是必不可少的。

所以，请你考虑一下，让你的一天从运动开始。只需要15分钟就好，如果你只有15分钟的话。请你发挥自律精神，留出这个时间段，健康地开始一天。《意志力》一书的作者罗伊·鲍曼斯特和约翰·蒂尔尼认为，大多数人的意志力在早晨更强大——所以为何不尝试着，在你意志力最强大的时候进行运动呢？

你可以通过下面这个办法，养成在早晨运动的习惯：录制15分钟让你听了想要翩翩起舞的音乐。戴上你的头戴式耳机。你可以跳上跳下、摆动手臂、触摸脚趾、绕圈跑步，你可以随意地活动你的身体，但在音乐播放完之前，可别停下来！如果你每天坚持这样做，到后来你会觉得，15分钟的时间太短了。当你达到这种状态时（这样的时刻会来到的），录制好30分钟的音乐，然后逐步再延长到45分钟、1个小时。每当你多增加了5分钟，我会和你一起击掌庆祝！因为每当成功到来时，我们就应该击掌庆祝。所以祝贺你，漂亮的姑娘！你干得好！继续保持下去！

现在你真的
做到了

在这本书中，并没有罗列任何需要你在 7 天、30 天或 365 天内完成的目标。我们的目标是长期的。我们不想提出什么速效对策。你的收益不是以减去了多少磅或多少英寸来衡量的，而是以你将得到什么来计算的。你将得到：一个更加敏锐灵活的大脑；一个能够将梦想付诸实践的身体；一种源于了解自我、关心自我、尊重自我而产生的信心。你得到的奖励将源源不断、持续升级；你也需要每天付出努力：通过自律做出持久不变的选择，从而支持你向着你所选定的目标一路向前，取得进步。我们所有人的最终目标，就是拥有一个更加长寿、更加强壮、更加快乐、更加健康的人生。

但你该做的，并不仅限于捧着这本书读一读，然后点头同意书中的观点。你要知道，这和采取实际行动可不是同一回事。你必须付出实际的努力，你必须真的想要实现它，你必须追随它。每次当你做出更好的选择时，你就增强了自律精神，并改变着你的习惯。这些意识上的小小改变，会让你积少成多，养成更多的健康习惯，这些健康习惯将支持你走过漫长的一生。

良好的健康状况首先源于健康的意识，它依赖于个人责任感。这意味着将意识转化成行动。我想，你已经了解到，营养和锻炼将深化你的知识，并加深你对自己身体的了解，了解你的身体需要什么才能生存、才能健康。

即便掌握了世间所有的健康知识，但积习是很顽固的，难以说改就改，特别是当你同事的桌上，放着一盒果冻甜甜圈的时候（当然前提是你喜欢吃果冻甜甜圈，对我来说，还是法式炸薯条的魅力更大）。

你可以思忖一下：你曾经用了不少时间，才养成了你现在的那些习惯。所以如果你想要改变这些习惯，同样也需要花费不少时间。你成功改变积习的唯一途径是，对自己好一些。在某种程度上，对你自己的健康负责，就要求你对自己和善、有爱心，并不断支持自己。在某种程度上说，自律就是鼓励自己起床锻炼。你需要取得一种平衡：你应该对自己负责，但在一切不是特别顺利时，也别太责备自己。

采取措施让你的身心连通起来，这样你才能了解到，你的行为给你带来了什么样的感觉，并不断推进这些让你由内而外感觉良好的行为。为了你自己的健康，让这些行为成为习惯。

人每天要吃5次东西。人每天至少要流一次汗。所以在你人生的每一天中，你都有6次机会去选择：是时刻意识到自己在做什么，还是对发生的一切浑浑噩噩；是保持清醒，还是生活在梦境中。

所以，清醒起来，爱你自己，照顾好你自己。

你的身体是你所拥有的最宝贵的东西。

致谢

在这里，我想感谢所有让这本书得以问世的人。首先，是我的父母。

我有太多的事情需要感谢我的父母，在我的人生中，他们给了我那么多有用的经验和工具；他们拥有宽厚的爱心，他们为所爱的人无私奉献着。没有他们的爱心、投入、勤勉、关怀、信任、养育、耐心、指导和智慧，就没有我。

我想感谢我的母亲，感谢你和我在厨房中共同度过的美好时光，感谢你在厨房中对我的教导养育。你给我的礼物，是我收到的礼物中最棒的。是你教我学会，如何在我为家人和朋友准备的饭菜中，注入我对他们的爱。我珍惜我们曾经在厨房中共同度过的每分每秒，我珍惜我们和家人、朋友的每一次聚餐，我珍惜我们每一次关于食物的聊天。我们聊食物的时间，和我们吃那些食物的时间几乎同样多。所有这些已经烹饪好的、与人分享的或我们想象中的食物，不仅仅滋养着我的身体，也滋养着我的心灵。

我爱你，妈妈！你是最棒的！

感谢让这本书得以问世的人

我的老板杰西·卢兹，感谢你时刻投入，让一切顺利进行。感谢你的爱、你的教导、你的幽默、你的引导；感谢你那敏锐的观察力、聪慧的大脑。本书得益于这一切。还有，谢谢你，你是一个女孩能够拥有的最好的已婚朋友。

里奇·约克，你是我的支柱。感谢你总是这么相信我。你的指导、你的远见总能帮我踏上正确的道路。能有你这样的合伙人，是我的福气。我的兄弟，能得到你那颗大度的、美丽的心付出的爱，是我的福气。感谢你帮我完成这本书。

桑德拉·巴克。我该对你说什么？没有你，就没有这本书。你明白，我多么希望这本书能问世，我感谢你对我的无限支持。你的智慧、求知欲，你的擅长辞令、你的善于了解别人，还有你的诚实坦率，这一切都让你的才华如虎添翼，并带来远见卓识，让这本书能够完成。从你身上我学到了很多。我再也找不到比你更好的合伙人、老师和私人厨师了。

朱莉·威尔，感谢你对这本书的信心，感谢你确认需要删除、增加哪些内容。你的知识和经验对本书十分重要，你的精神融入了本书的内容中。感谢你的合作。

布拉德·卡法雷利，没有人比你更棒！你洞察一切，你明白一切，你优雅、诚挚地为我导航。感谢你的指导，让本书得以问世。和以往一样，你总是能够看到全景，你总是能够切中要害，你的行为发自内心、考虑周到、充满爱心。

马西·莫里斯，感谢你总是这么公正，感谢你的力量和指引。你总能做出正确的决定。你的爱心和奉献，是我的幸运。

尼克·斯坦恩，虽然你没有直接参与本书，但你的爱心、支持，还有你乐观的精神，都为我提供了支持。你是一切的关键。

詹妮弗·鲁道夫·沃尔什，你富有远见地为这个项目找来了合适的人选。感谢你让这一切发生。

**有许多优秀的人投入到了这个项目中，
贡献了他们的时间和精力，让一切成为可能**

感谢所有这些回答我的问题、分享他们的知识的专家。凯瑟琳·伍尔夫博士让我们对人类营养学有了一个比较全面的基本了解，并反复校对我们的材料；奥蕾莉亚·娜缇芙博士和我们分享了她关于健身的专业知识，并为我们把关，确保本书内容尽可能地准确无误；戴安娜·查维金博士教了我们许多女性健康知识，并确保本书中关于女性健康的知识实用准确；大卫·凯斯勒博士关于美国人食欲变化的研究启发了我，他和我就这个项目展开的讨论，也给了我不少启迪；布莱恩·文森克博士非常亲切地向我们介绍了他对饮食行为进行的研究；玛利亚·葛罗瑞娅·多明戈贝罗博士邀请我去他们的办公室，和我分享他们关于人体微生物的研究。

我还想向以下这些杰出的专家致谢，他们贡献了他们的专长，为这个项目做出了贡献。他们是哈珀威孚出版社的高级副总裁凯伦·里纳尔迪、保罗·凯铂和"疯子设计"的团队、插画家帕特里克·摩根、哈珀出版社的公关人员莱斯利·科恩、设计经理利亚·卡尔逊·斯坦尼西奇、凯西·施耐德、利亚·瓦西列夫斯基和哈珀柯林斯的营销团队；当然，还有玛丽萨·贝内得托、斯库特·卡普兰、珍·鲁丁和丽萨·夏基。

还有那些自愿贡献出她们的时间（和身体）参与本书的拍摄的各位女性，谢谢你们！我爱你们每一个人！

感谢那些教我了解我的身心、启动和支持我的学习之旅的人

巴里·米歇尔斯，感谢你的智慧、指引、专业知识和工具方法，感谢你贡献给这个项目的知识。

袁祥仁大师，感谢你送给我如此丰厚的礼物，让我的身心相互连通。感谢张大兴和陈虎，是你们帮我明白袁祥仁大师的教导，并鼓励我度过那段时间。

泰迪·巴斯，多亏了你的帮助，让我在过去的 14 年间继续拥有强

健的身心、良好的精神状态。尽管我的健身计划一再改变，但在你的帮助下，我还是在无数个清晨做到了每天坚持锻炼。感谢你——我的健身教练，我的健身伙伴，我的朋友。

感谢我所有的健身教练、导师和伙伴。你知道，我正在感谢的人就是你。

感谢那些一直陪伴在我身旁的人——
感谢你们的支持和启发

感谢我的闺密们，感谢你们和我聊如何做一个女人，那些谈话真的太美妙了。感谢你们给予我的爱和鼓励，还有你们允许我给予你们的爱和鼓励。你们的智慧、洞察力、幽默、坦诚、力量和弱点，让人生变得那么真实、有滋味。我曾经和你们每一个人踏上不同旅程，对此我深深感谢。每天我都能从你们身上学到很多，每天你们都给了我不少启迪。我特别想感谢的是，我亲爱的朋友伊丽莎白·伯克利。感谢你让我参加了一次特别的考察旅行。正是你和阿斯科·伊丽莎白一起进行的重要研究，启发了我以这种方式直接和女性朋友交流。你的外在美，正是你的内在美的折射。

感谢我的姐姐，你的力量和勇气给了我无穷启迪。作为母亲、女儿、妻子、姐姐，你都是那么出色——做我的姐姐一定是其中最难的。感谢你给予我的全部支持。感谢你永远对我那么有信心。你一直处在我的世界中的核心。

C. E. E. C，在你每天的鼓舞下，我才产生了把这些知识带给全世界的想法，因为这样这个世界就会变成一个更美好的世界。我希望你能拥有尽可能多的知识，因为我在这个世界上最大的心愿，就是希望你拥有至臻完美的能力，就是希望你能成为最好的自己。对你，我投入了全部的爱。

感谢我所有的家人和朋友，你们给我的爱、支持、欢笑、关心，还有你们的饮食诀窍，让我心中的热情火焰熊熊燃烧，永不熄灭。

还有我非比寻常的感谢，
献给所有拿起这本书的女性朋友！

是我的父母亲给了我信心。我写这本书的部分原因就是，他们永远对我有信心。由于他们对我有信心，我对自己才有了信心。我想把这种信心传递给你，因为我永远不会忘记，我的父母曾经对我说，无论遇到怎样的挑战，我要做的就是尽自己的最大努力，而不是尽别人的最大努力。顺着这个思路，我从来不刻意和别人竞争——我所面临的挑战，并不是要胜过别人，因为我永远不可能成为别人，我只需要做我自己就好。无论别人能做到什么，都不需要我多操心。

正是这些给我巨大支持的话语，让我实现了人生中的一个又一个目标，因为：**无论何时何地，只要你尽力而为，就不存在失败。**可与此同时，他们也告诉我，如果我答应了要尽力而为，实际上却没有做到，那我就会看到这么做的后果。所以还是诚实地对待自己更好，因为你永远无法躲开自己，如果你对自己说谎，你一定会知道。所以你最好尽自己最大的努力，或者告诉你自己，下次你能做得更好；如果下次你有机会的话，一定会尽自己最大的努力。这就是我会写这本书的原因：我希望你能了解，你自己能做到多好。任何时候，如果你知道你正在努力做到最好，那么你就走上了成功之路。

我希望，无论何时，在你想尽自己最大的努力好好照顾自己那美妙的身体时，本书中所包含的这些知识和信息，能够成为对你有用的工具——感谢你让我和你分享这一切。

注 释

1. 这也同样适用于儿童：《儿童肥胖》，www.cdc.gov/healthyyouth/obesity/facts.htm，2013 年 7 月 29 日查阅。

2. 现在这一代美国儿童：S. 杰伊·奥尔尚斯基等，《21 世纪美国的预期人寿有可能下降》，《新英格兰医学杂志》，2005 年 3 月 27 日，数字对象标示：10.1056/NEJMsr043743，2013 年 7 月 29 日查阅。

3.《食物的简史：食物的时间轴》，www.foodtimeline.org，2013 年 7 月 29 日查阅。

4. 含有 1000 卡路里以上的沙拉：《20 种比皇堡更糟糕的沙拉》，http://eatthis.menshealth.com/slideshow/print-list/186355，2013 年 7 月 29 日查阅。

5. 它们仍然非常关键：《维生素和矿物质》，www.cdc.gov/nutrition/everyone/basics/vitamins，2013 年 7 月 29 日查阅。

6. 关于全谷物的全部真相：珍妮·斯坦因，《全谷物的全部故事》，《洛杉矶时报》，2010 年 5 月 31 日 http://articles.latimes.com/print/2010/may/31/health/la-he-whole-grains-20100531，2013 年 7 月 29 日查阅。

7. 一颗种子有好几个部分：谷物食品基金会，《全麦谷物》，《和谷物交朋友》，www.gowiththegrain.org/nutrition/whole-grains.php，2013 年 7 月 29 日查阅。

8.100 克纤维：罗伯特·H. 卢斯蒂格，《大有机会：打败糖类、加工食品、肥胖和疾病》（纽约：休斯敦街出版社，2012）。

9. 洗衣粉：玛丽·罗奇，《狼吞虎咽：消化道的探险之旅》（纽约：诺顿出版社，2013）。

10.10 次以上：同上。

11. 在你摄入蔗糖时：同上。

12.5 磅……150 磅：史蒂芬·盖伊内特，"到 2606 年，在美国人的饮食中糖的比例将占到 100%"，《整体健康来自何方》，2012 年 2 月 18 日，http://wholehealthsource.blogspot.com/2012/02/by-2606-us-diet-will-be-100-percent.html,2013 年 7 月 29 日查阅。

13.150 磅糖：《你吃了多少糖？你会惊呆的！》，www.dhhs.nh.gov/DPHS/nhp/adults/documents/sugar.pdf，2013 年 7 月 29 日查阅。

14. 糖是怎样做成的：罗伯特·L. 沃尔克，《爱因斯坦告诉了他的厨师什么事：厨房中的科学》（纽约：诺顿出版社，2013）。

15. 久坐不动：托马斯·叶茨等，《自我报告的坐位时间与慢性感染、抗胰岛素性及肥胖症的关联》，《美国预防医学杂志》，第 42 期（2012 年 1 月）：1-7。

16. 应当小心的各种糖的变体：《如何从食品标签中识别添加糖》，哈佛大学公共健康学院，www.hsph.harvard.edu/nutritionsource/added-sugar-on-food-labels/#1，2013 年 7 月 29 日查阅。

17. 向着阳光生长：《蛋白质在辅助植物识别阳光过程中所起的作用》，Phys.org 网站，http://phys.org/news/2011-10-protein-role.html，2013 年 7 月 29 日查阅。

18. 了解氨基酸：MedlinePlus 网站，《氨基酸》，www.nlm.nih.gov/medlineplus/ency/article/002222.htm，2013 年 7 月 29 日查阅。

19. 摄入多少蛋白质才够：根据大于 19 岁的女性的蛋白质推荐摄入量。

20. 多元不饱和脂肪：《揭开脂肪的真相：脂肪的利与弊》，《哈佛医学院家庭健康指南》，www.health.harvard.edu/fhg/updates/Truth-about-fats.shtml，2013 年 7 月 29 日查阅。

21. 单一不饱和脂肪：梅奥诊所，《膳食油脂：了解你该选择哪种油脂》，www.mayoclinic.com/health/fat/NU00262，2013 年 7 月 29 日查阅。

22. 椰子油：皮纳·洛朱迪斯，《椰子油惊人的益处》，奥兹医生秀，www.doctoroz.com/videos/surprising-health-benefits-coconut-oil，2013 年 7 月 29 日查阅。

23. 代替一杯牛奶：劳拉·肖克，《那些让人吃惊的富含钙质的非奶类食物》，《赫芬顿邮报》，2012 年 4 月 25 日，www.huffingtonpost.com/2012/04/25/calcium-food-sources_n_1451010.html#slide=903353，2013 年 7 月 29 日查阅。

24. 造骨物质：医学研究所，《钙、磷、镁、维生素 D 和氟化物的参考摄入量》，（华盛顿特区：国家学术出版社，2011）。

25. 缺乏维生素 D：《让生活更快乐的 5 点建议》，奥兹医生秀，www.doctoroz.com/videos/5-tips-healthier-life，2013 年 7 月 29 日查阅。

26. 叶酸：美国卫生和人类服务部，女性健康办公室，《叶酸简介》，http://womenshealth.gov/publications/our-publications/fact-sheet/folic-acid.cfm，2013 年 7 月 29 日查阅。

27. 得到足够的维生素 B_{12}：凯特·戈阿干，《用维生素 B_{12} 结束你的能量危机》，奥兹医生秀，http://www.doctoroz.com/article/end-your-energy-crisis-vitamin-b12，2013 年 7 月 29 日查阅。

28. 造血物质：医学研究院，《硫胺素、核黄素、烟酸、维生素 B_6、叶酸、维生素 B_{12}、泛酸、生物素、胆碱的参考摄入量》（华盛顿特区：国家学术出版社，1998）；医学研究院，《维生素 A、维生素 K、砷、硼、铬、铜、碘、铁、锰、钼、镍、硅、钒、锌的参考摄入量》（华盛顿特区：国家学术出版社，2001）。

29. 抗氧化剂大军：医学研究院，《维生素 C、维生素 E、硒、类胡萝卜素的参考摄入量》（华盛顿特区：国家学术出版社，2000）；医学研究院，《维生素 A、维生素 K、砷、硼、铬、铜、碘、铁、锰、钼、镍、硅、钒、锌的参考摄入量》（华盛顿特区：国家学术出版社，2001）。

30. 烟酸有帮助：《维生素 B_3（烟酸）》，马里兰大学医学中心，http://umm.edu/health/medical/altmed/supplement/vitamin-b3-niacin，2013 年 7 月 29 日查阅。

31. 能量维生素：医学研究所，《硫胺素、核黄素、烟酸、维生素 B_6、叶酸、维生素 B_{12}、泛酸、生物素、胆碱的参考摄入量》（华盛顿特区：国家学术出版社，1998）。

32. 水合电解质：医学研究院，《水、钾、钠、氯化物和硫酸盐的参考摄入量》（华盛顿特区：国家学术出版社，2005）。

33. 吲哚：苏珊·C.提尔顿，《补充吲哚植物化学成分的益处和风险》，鲍林研究所，研究通讯，2006 年春夏期，http://lpi.oregonstate.edu/ss06/indole.html，2013 年 7 月 30 日查阅。

34. 味觉盛宴：玛丽·罗奇，《狼吞虎咽：消化道的探险之旅》（纽约：诺顿出版社，2013）。

35. 三磷酸腺苷：《细胞呼吸》，印第安纳大学 - 印第安纳波利斯普渡大学生物系，www.biology.iupui.edu/biocourses/N100/2k4ch7respirationnotes.html，2013 年 8 月 1 日查阅。

36. 放屁：玛丽·罗奇，《狼吞虎咽：消化道的探险之旅》（纽约：诺顿出版社，2013）。

37. 细菌细胞：卡尔·齐默，《微生物如何捍卫并定义我们》，《纽约时报》，2010 年 7 月 12 日，www.nytimes.com/2010/07/13/science/13micro.html?_r=2&pagewanted=all，2013 年 8 月 2 日查阅。

38. 这支殖民大军：内森·沃尔夫，《小小的世界》，《国家地理》，2013 年 1 月，http://ngm.nationalgeographic.com/2013/01/125-microbes/wolfe-text，2013 年 8 月 2 日查阅。

39. 两岁半：安东尼奥·冈萨雷斯，《不同于健康成人的婴儿肠道微生物的集合》，科罗拉多大学波德分校，骑士实验室，www.youtube.com/watch?v=Pb272zsixSQ，2013 年 8 月 2 日查阅。

40. 有些细菌：莫兹·费尔南达等，《乳酸菌的生物技术》（新泽西，霍博肯：Wiley-Blackwell 数字期刊，2010）。

41. 喂盘尼西林的奶牛：《牛肉生产的过程：抗生素的使用》，南达科他州立大学兽医分部，www.sdstate.edu/vs/extension/beef-procedures-antibiotics.cfm，2013 年 7 月 29 日查阅。

42. 科学家们正在研究：和纽约大学人类微生物项目负责人马丁·布莱泽的交谈，2013 年 2 月 19 日。

43. 婴儿双歧杆菌：《肠易激综合征的补充剂：哪种能奏效？》，肠易激综合征健康中心，网路医生网站，www.webmd.com/ibs/features/supplements-for-ibs-what-works，2013 年 7 月 29 日查阅。

44. 梅特尼科夫：托马斯·J. 蒙特维尔和卡尔·R. 马修，《植物微生物入门》（华盛顿特区：美国微生物学会，2008）。

45. 保加利亚乳杆菌和嗜热链球菌：同上。

46. 500 亿个嗜酸乳杆菌和干酪乳杆菌：《益生菌常见问题解答》，Bio-KPlus 公司 www.biokplus.com/en-us/about-probiotics/probiotics-faq#l9n3585，2013 年 7 月 29 日查阅。

47. 在工作中：蒂莫西·S. 丘奇等，《美国与工作相关的体育活动 50 年来的变迁，及其和肥胖症的关系》，公共科学图书馆期刊，2011 年 5 月 25 日，www.plosone.org/article/info%3Adoi%2F10.1371%2Fjournal.pone.0019657#s1。

48. 照料一个家庭：爱德华·阿切尔等，《45 年来妇女时间分配和家务管理能量消耗的趋势》，www.plosone.org/article/info%3Adoi%2F10.1371%2Fjournal.pone.0056620#ack，2012 年 7 月 30 日查阅。

49. 锻炼的益处：艾莉莎·谢弗，《能量高峰：锻炼不为人知的好处》，《健身》，www.fitnessmagazine.com/workout/motivation/get-started/power-surge-the-hidden-benefits-of-exercise，2013 年 8 月 2 日查阅；格雷琴·雷诺兹，《适度：锻炼的最佳状态》，《纽约时报》，2012 年 6 月 6 日，http://well.blogs.nytimes.com/2012/06/06/moderation-as-the-sweet-spot-for-exercise，2013 年 8 月 2 日查阅。

50. 肥胖和糖尿病：杰里·N. 莫里斯等，《伦敦公交司机缺血性心脏病的发病率和预测》，《柳叶刀》288，第7463期（1966年9月10日：553-59；弗兰克·B.
胡等，《看电视及其他久坐不动的行为与女性罹患肥胖症和2型糖尿病的风
险的相关性》，《美国医学协会杂志》289，第14期（2003年4月9日）：
1785-92；弗兰克·B.胡等，《体育活动与看电视和男人罹患2型糖尿病的风
险的相关性》，《内科学档案》161，第12期（2001年6月25日）：1542-
48；大卫·W.邓斯坦、贝瑟妮·霍华德、吉纳维芙·N.希利和内维尔·欧文，
《久坐不动——健康的隐患》，《糖尿病研究和临床实践》97，第3期（2012
年9月）：368-76,2013。

51. 增加罹患糖尿病的风险：大卫·W.邓斯坦等，《打破久坐不动的状态能减低
    餐后血糖和胰岛素的反应性》，《糖尿病护理》35，第5期（2012年5月）：
    976-83。

52. 谁都挤得出十分钟：卡罗尔·尤金·加伯等，《为了促进和保持看似健康的
    成年人的心肺健康、肌肉和骨骼健康和神经运动健康所需的运动的质和量：
    运动处方指导》，美国运动医学会的观点，《体育锻炼中的医学与科学》
    43，第7期（2011年7月）1334-59。

53. 在你进行体育训练、减重时：E.V.缅希夫，《中等强度的运动和体重减轻
    引起的骨骼肌线粒体生物合成的特征》，《应用生理学杂志》103，第1期（2007
    年7月）21-27，www.ncbi.nlm.nih.gov/pubmed/17332268。

54. 心肌细胞：查尔斯·R.莫里斯，《外科医生：一家顶级心脏病治疗中心中的
    生死存亡》（纽约：诺顿出版社，2007）。

55. 一块块骨头：《人类的身体和心灵》，《BBC科学》，www.bbc.co.uk/
    science/humanbody，2013年8月2日查阅。

56. 心肌：莫里斯，《外科医生》。

57. 卵子也会随着时间流逝逐渐死亡：娜塔莉·安吉尔，《女人：私密的身体地
    理学》（纽约：船锚出版社，2000）。

58. 女运动员三联征：奥蕾莉亚·娜缇芙等，《美国运动医学会对女运动员三联
    征的观点》，《体育锻炼中的医学与科学》39，第10期（2007年10月）：
    1867-82http://journals.lww.com/acsm-msse/Fulltext/2007/10000/The_Female_
    Athlete_Triad.26.aspx，2013年8月23日查阅。

59. 过敏、哮喘：《剖腹产有可能会提高儿童罹患过敏和哮喘的风险：一项研
    究》，《美国新闻和世界报道》，2013年2月25日，http://health.usnews.
    com/health-news/news/articles/2013/02/25/c-section-may-raise-childs-risk-

of-allergies-asthma-study，2013 年 7 月 30 日查阅。

60. 儿童肥胖症：吉纳弗拉·皮特曼，《通过剖腹产手术出生的孩子与儿童肥胖症》，2013 年 5 月 24 日，http://news.msn.com/science-technology/babies-born-via-c-sections-linked-to-child-obesity，2013 年 7 月 30 日查阅。

61. 疲惫的银行职员：山姆·艾什顿《银行职员倒在键盘上睡着，错误转账 1.9 亿欧元》，2013 年 6 月 4 日，MSN 金融板块，http://money.ukmsn.com/trending-blog/dozy-banker-sleeps-on-keyboard-transfers-%C2%A3190m，2013 年 7 月 30 日查阅。

62. 医学院学生的研究：小德威克·C.鲍德温和史蒂芬·R.多尔蒂，《住院医师培训中的睡眠剥夺和疲劳：对第一年和第二年住院医生的全国调查结果》，《睡眠》27，第 2 期（2004），www.journalsleep.org/ViewAbstract.aspx?pid=25943，2013 年 7 月 30 日查阅。

63. 睡眠：《我们为何要睡觉？》《健康的睡眠》，哈佛大学医学院，http:///healthysleep.med.harvard.edu/healthy/matters/benefits-of-sleep/why-do-we-sleep，2013 年 7 月 30 日查阅。

64. 这是你大脑对食物的反应：大卫·凯斯勒，《过度饮食的终结：控制美国人贪得无厌的食欲）《纽约：罗代尔出版社，2009）。

65. 习惯回路：查尔斯·杜希格，《习惯的力量：我们为什么会这样生活，那样工作》（纽约：罗代尔出版社，2012）。

补充书单

你想了解更多吗？我也是。你也许会想阅读以下书籍：

娜塔莉·安吉尔：《女人：私密的身体地理学》（*Woman: An Intimate Geography*），纽约：霍顿·米福林·哈考特出版社，1999。

丹·安瑞利：《可预测的非理性：隐藏在决定背后的力量》（*Predictably Irrational: The Hidden Forces That Shape Our Decisions*），纽约：哈珀永久出版社，2010。

罗伊·鲍曼斯特 & 约翰·蒂儿尼：《意志力：重新发现人类最伟大的力量》（*Willpower: Rediscovering the Greatest Human Strength*），纽约：企鹅出版社，2012。

波士顿妇女健康写作集体 & 朱迪·诺斯吉安：《我们的身体，我们自己》（*Our Bodies Ourselves*），纽约：西蒙与舒斯特出版公司，2011。

查尔斯·杜希格：《习惯的力量：我们为什么会这样生活，那样工作》（*The Power of Habit: Why We Do What We Do in Life and Business*），纽约：兰登书屋，2012。

莎莉·法隆 & 玛丽·恩尼格：《营养的传统：挑战正统营养学的食谱》（*Nourishing Traditions:The Cookbook That Challenges Politically Correct Nutrition and the Diet Dictocrats*），印第安纳州华沙：新趋势出版社，1999。

丹尼尔·卡尼曼：《思考：快与慢》（*Thinking, Fast and Slow*），纽约：法特、斯特劳特和吉鲁出版社，2011。

大卫·凯斯勒：《过度饮食的终结：控制美国人贪得无厌的食欲》（*The End of Overeating: Taking Control of the Insatiable American Appetite*），纽约：罗代尔出

版社，2009。

西尔维娅·洛夫格伦：《流行美食：七十年来的饮食风尚》（*Fashionable Food: Seven Decades of Food Fads*），芝加哥：芝加哥大学出版社，2005。

罗伯特·H.卢斯蒂格：《大有机会：打败糖类、加工食品、肥胖和疾病》（*Fat Chance: Beating the Odds Against Sugar, Processed Food, Obesity, and Disease*），纽约：哈德逊街出版社，2012。

迈克尔·波伦：《杂食者的两难境地：一日四餐的自然史》（*The Omnivore's Dilemma: A Natural History of Four Meals*），纽约：企鹅出版社，2006。

玛丽·罗奇：《狼吞虎咽：消化道的探险之旅》（*Gulp: Adventures on the Alimentary Canal*），纽约：诺顿出版社，2013。

理查德·泰勒&凯斯·R.桑斯坦：《轻推一把：改进有关健康、财富和幸福的决定》（*Nudge: Improving Decisions About Health, Wealth, and Happiness*），康涅狄格州纽黑文市：耶鲁大学出版社，2008。

罗伯特·L.沃尔克：《爱因斯坦告诉了他的厨师什么事：厨房中的科学》（*What Einstein Told His Cook: Kitchen Science Explained*），纽约：诺顿出版社，2008。

布莱恩·文森克：《食无止境：为什么我们吃的比想象的更多》（*Mindless Eating: Why We Eat More Than We Think*），纽约：班特姆出版社，2007，www.foodtimeline.org。